Lebensraum Berge

Alpenschneehuhn, Alpensegler, Steinrötel, Mauerläufer und Steinadler sind Charaktervögel des Hochgebirges und bei uns in Mitteleuropa fast ausschließlich in den Alpen zu beobachten.

Lebensraum Siedlungen

In menschlicher Nähe brüten etliche Vögel aus allen oben genann-
ten Lebensräumen. Deshalb werden diese Arten im „Lebensraum
Siedlungen" noch einmal im Bild gezeigt, mit Verweis auf die Seite,
wo Sie diese Art ausführlich beschrieben finden.

Referenzarten für den Größenvergleich

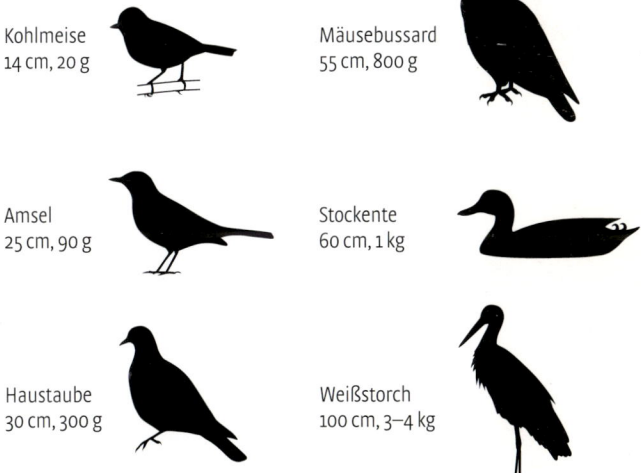

Kohlmeise
14 cm, 20 g

Mäusebussard
55 cm, 800 g

Amsel
25 cm, 90 g

Stockente
60 cm, 1 kg

Haustaube
30 cm, 300 g

Weißstorch
100 cm, 3–4 kg

Katrin und Frank Hecker

Kosmos
Vogelführer

für unterwegs

KOSMOS

Rauchschwalbe

Amsel

Kiebitz

Rotschenkel

Ringeltaube

Turmfalke

Stockente

Rabenkrähe

Graugans

Mäusebussard

Graureiher

Weißstorch

Inhalt

Vögel bestimmen – keine Hexerei

Für den Einsteiger scheint es manchmal wirklich an Hexerei zu grenzen – da saust ein blauer Blitz flach übers Wasser: „Oh, ein Eisvogel!", ein unscheinbares, braunes Etwas singt aus dem Schilf „Ganz eindeutig: Ein Teichrohrsänger", ein anderer hockt weit weg in dornigen Hecken „Das kann nur ein Neuntöter sein."

… auch ohne Fernglas

Am einfachsten ist es natürlich, einen erfahrenen Vogelkenner dabeizuhaben, der einem in wenigen, verständlichen Sätzen plausibel erklärt, warum es denn nun genau diese oder jene Art ist. Ganz ehrlich: Man muss wirklich nicht jede Feder an einem Vogel kennen, um ihn zu erkennen. In den meisten Fällen brauchen Vogelbeobachter zum Bestimmen nicht einmal das Fernglas. Ganz bestimmte Verhaltensweisen, unverwechselbare Flugsilhouetten, bezaubernde, verschiedenartigste Gesänge und natürlich der Lebensraum, in dem wir einen Vogel beobachten, liefern wirklich schlüssige Indizien. Der Blick durch das Fernglas ist oft sozusagen der letzte Beweis oder auch nur eine Art Rückversicherung.

… und auf eigene Faust

Hat man gerade keinen erfahrenen Vogelbeobachter zur Hand, dann ist dieses Buch die nächstbeste Möglichkeit, Vögel zu bestimmen. Sehr praktisch: Die Einteilung in farbig markierte **Lebensräume**. Denn wer zwischen Feldern und Wiesen zwischen hohen Brennnesseln einen Sumpfrohrsänger entdeckt und die Gesänge noch nicht so gut kennt, der braucht nicht lange zu rätseln, ob es denn nun etwa die Zwillingsart Teichrohrsänger sein könnte. Denn der befindet sich auch in diesem Buch dort, wo er hingehört: Im Lebensraum Gewässer, denn er brütet immer im Schilf.

Ganz wichtig: Die Kopfzeile über jeder Art, in der Sie neben dem wichtigen **Größenvergleich** auch die **Monate** finden, in denen sich die Art bei uns in Mitteleuropa aufhält. Haben Sie z. B. im Juni eine Weißwangengans entdeckt, sehen Sie auf einen Blick, dass diese Art sich gar nicht im Sommer in Mitteleuropa aufhält und Sie sie möglicherweise mit der ähnlichen Kanadagans verwechselt haben. Im **„Tipp für unterwegs"** finden Sie auf einen Blick wichtige Erkennungsmerkmale oder andere wichtige Informationen und unter **„Merkmale", „Lebensweise"** und **„Wissenswertes"** die wesentlichen Informationen rund um jede Vogelart.

... mit Extrateil „Siedlungen"!

Natürlich gibt es auch Vögel, die durchaus verschiedene Lebensräume bewohnen oder besuchen. Vor allem gilt das für die Vögel in unseren Dörfern und Städten. Sie brüten ja ursprünglich in Wäldern, auf Felsen oder anderswo und haben unsere Siedlungen erst nachträglich erschlossen. Diese Vögel, wie z. B. die Amsel, haben wir in ihren natürlichen Lebensräumen belassen und hier auch ausführlich beschrieben, aber nicht nur hier!

Als praktische Besonderheit finden Sie nämlich im Extrateil „Siedlungen" alle hier häufig anzutreffenden Arten noch einmal mit Foto (die Amsel z. B. auf S. 180) – mit dem entsprechenden Verweis auf die Seite, wo die Art in ihrem natürlichen Lebensraum zu finden ist (bei der Amsel ist das z. B. der Wald, S. 36).

... Vögel anlocken

Eine wirklich unschlagbare Möglichkeit, Vögel einmal ganz von Nahe zu sehen (vor allem auch für Kinder, die mit dem Fernglas oft noch Schwierigkeiten haben) besteht darin, eine Futterstation zu errichten. Ob im Garten, auf dem Hinterhof, Balkon oder sogar im Stadtpark. Hier ist die Bestimmung oft kinderleicht, denn die Vögel sind nicht nur nah – sie kommen auch immer wieder zurück, so dass man ganz in Ruhe im Buch nachschlagen kann.

... für ganz Neugierige

Möchten Sie noch mehr wissen über die Vogelart, die Sie eben entdeckt haben und noch mehr Fotos sehen, von Gelegen, Küken oder auch Flugbilder? Dann empfehlen wir Ihnen zum Nachschlagen und Weiterlesen zuhause die sehr schöne und reich bebilderte „Enzyklopädie der Brutvögel Europas", erschienen im Kosmos-Verlag.

Das Autorenteam, das ja auch mal „klein angefangen hat" wünscht Ihnen nun viele schöne und spannende Stunden draußen in der Natur, und wenn es mit der Bestimmung mal nicht auf Anhieb klappt: Bitte nicht verzweifeln, das geht jedem mal so – nächstes Mal klappt es umso besser!

Katrin und Frank Hecker

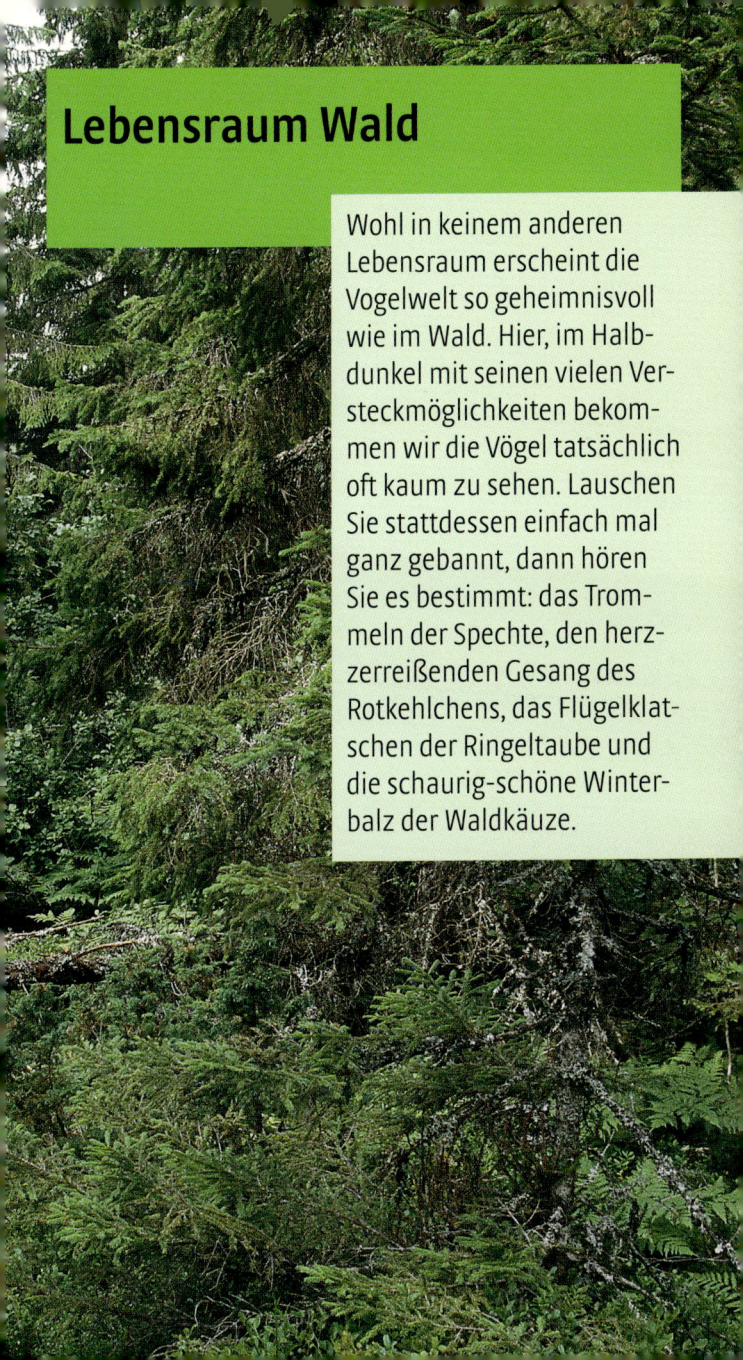

Lebensraum Wald

Wohl in keinem anderen Lebensraum erscheint die Vogelwelt so geheimnisvoll wie im Wald. Hier, im Halbdunkel mit seinen vielen Versteckmöglichkeiten bekommen wir die Vögel tatsächlich oft kaum zu sehen. Lauschen Sie stattdessen einfach mal ganz gebannt, dann hören Sie es bestimmt: das Trommeln der Spechte, den herzzerreißenden Gesang des Rotkehlchens, das Flügelklatschen der Ringeltaube und die schaurig-schöne Winterbalz der Waldkäuze.

1 Haselhuhn

Tetrastes bonasia

 🔭 Jan–Dez

Merkmale Gräulichbraun gemustert; Männchen mit charakteristischer Kopfzeichnung. Ruft pfeifend. **Lebensweise** Bewohnt Misch- und Nadelwälder mit einer großen Artenvielfalt an Kräutern, Sträuchern und Bäumen aller Altersstufen. Nur so findet es ganzjährig genügend verschiedene Früchte, Knospen und Sämereien. **Wissenswertes** Die meisten mitteleuropäischen Wälder bieten dem Haselhuhn zu wenig Nahrung und Verstecke. So brütet es heute nur noch im Hügelland und im Alpenraum.

Der Tipp für unterwegs

Kleines Waldhuhn, das gern auf Zweigen sitzt. Im Flug mit auffälliger, schwarzer Endbinde am Schwanz. Siehe auch Alpenschneehuhn und Birkhuhn (→ S. 158/159).

2 Sperber

Accipiter nisus

 🔭 Jan–Dez

Merkmale Im Flug (**2b**) fallen der lange Schwanz und die relativ kurzen, abgerundeten Flügel auf (vergleiche Turmfalke mit schmalen, spitzen Flügeln (→ S. 56/57). Im Winter ist eine Verwechslung mit dem Merlin (→ S. 56) möglich. **Lebensweise** Brütet hauptsächlich in relativ eintönigen Fichtenwäldern, aber auch auf Friedhöfen und in Parks. Erbeutet fast ausschließlich Kleinvögel wie Finken, Meisen und Drosseln, die er in rasantem Flug jagt. **Wissenswertes** Im Winter sieht man den Sperber regelmäßig in menschlicher Nähe, denn am Vogel-Futterhäuschen macht er leichte Beute.

Der Tipp für unterwegs

Kleiner Greifvogel mit typischer Querbänderung ("Sperberung"). Das Weibchen ist deutlich größer und kann mit einem Habicht (s. u.) verwechselt werden.

3 Habicht

Accipiter gentilis

 🔭 Jan–Dez

Merkmale Das Weibchen des Habichts ist etwa bussardgroß, das Männchen deutlich kleiner, kaum größer als ein Sperber-Weibchen. Typisch ist die Querbänderung ausgewachsener Vögel (vergleiche Sperber, s. o.) und im Flug der auffällig lange Schwanz in Kombination mit den eher breit und kurz wirkenden Flügeln. **Lebensweise** Rasanter Vogeljäger, der meist Tauben, Drosseln und Krähenvögel erbeutet, aber auch Säugetiere wie Kaninchen oder Eichhörnchen. **Wissenswertes** Zu Unrecht wird der Habicht auch heute noch mancherorts geschossen, gefangen oder man sägt seine Horstbäume ab.

Der Tipp für unterwegs

Der Habicht ist eine Art Gesundheitspolizei im Wald: Er jagt vorwiegend alte, kranke oder anderweitig geschwächte Tiere.

1 Baumfalke
Falco subbuteo

Merkmale Ähnelt mit seinen sichelförmigen Flügeln („Bumerang") im Flug auf den ersten Blick eher einem Mauersegler (→ S. 174/175) als einem Greifvogel. Das kontrastreich schwarz und weiß gezeichnete Gesicht ist auch aus größerer Distanz erkennbar, die roten „Hosen" dagegen nicht. **Lebensweise** Brütet an Waldrändern in alten Krähen- oder Elsternestern, vorzugsweise in der Nähe von Seen oder Flüssen. Erbeutet Insekten und Kleinvögel in rasanten Flugmanövern. **Wissenswertes** Zugvogel, der im südlichen Afrika überwintert.

Der Tipp für unterwegs

Ein eleganter Flieger mit sehr spitzen Flügeln, schiefergrauem Rücken und relativ kurzem Schwanz (vergleiche Turmfalke → S. 56/57). Im Gegensatz zum Turmfalken rüttelt er fast nie.

2 Waldschnepfe
Scolopax rusticola

  Jan–Dez

Merkmale Unsichtbarer, taubengroßer Waldvogel, getarnt als Stück Rinde. Typisch ist der lange, pinzettenartige Schnabel. **Lebensweise** Lebt in ungestörten, feuchten Mischwäldern. Das Nest ist eine schlichte Bodenmulde, meist am Fuß eines Baumes. Stochert im feuchten Waldboden nach Würmern und Insekten. **Wissenswertes** „Schnepfenstrich" heißt die Balzzeit der Waldschnepfe: Zwischen März und Juni vollführen die Männchen ihre Hochzeitsflüge in den Baumwipfeln. Diese Zeit nutzen Jäger, um auf die umstrittene Schnepfenjagd zu gehen – obwohl sie mittlerweile zu den gefährdeten Brutvögeln zählt.

Der Tipp für unterwegs

Eigenartiger Dämmerungsvogel mit eulenähnlichem Flug und Aussehen, dabei aber mit sehr langem Stocherschnabel. Fliegt erst kurz vor dem Beobachter auf.

3 Ringeltaube
Columba palumbus

  Jan–Dez

Merkmale Massige Waldtaube; unverwechselbar mit ihren weißen Flecken an Hals und auf den Flügeln (im Flug gut zu sehen). **Lebensweise** Brütet in Wäldern und kleinen Feldgehölzen, ist mittlerweile aber auch in Städten und Tierparks häufig. Futtersuche am Boden, in freier Natur auf Feldern und Waldlichtungen. Ernährt sich vegetarisch von Eicheln, Bucheckern, Sämereien, Blättern und Früchten. **Wissenswertes** Unsere häufigste Wildtaube, mischt sich aber auch unter Stadttauben (→ S. 174) und brütet hier sogar auf Gebäuden.

Der Tipp für unterwegs

Ruft charakteristisch fünfsilbig huu-huu-huu-hu-hu, mit Betonung auf der dritten Silbe. Erschreckt den Waldspaziergänger, indem sie unvermittelt mit lautem Flügelklatschen auffliegt.

1

2

3

1 Raufußkauz
Aegolius funereus

 🔭 Jan–Dez

Merkmale Kleine Eule (kleiner als eine Haustaube) mit leuchtend gelben, erstaunt blickenden Augen und weißem Gesichtsschleier. Ähnlich Steinkauz (→ S. 64/65), der aber in offenem Gelände lebt. **Lebensweise** Brütet hauptsächlich in Nadelwäldern und erbeutet Waldmäuse. Ist zum Brüten auf verlassene Schwarzspechthöhlen angewiesen, nimmt gebietsweise auch Nistkästen an. **Wissenswertes** Namengebend waren seine pelzartig bewachsenen Füße: „Rauch" war früher eine Bezeichnung für Pelz. Aus „Rauchfüßiger Kauz" wurde dann „Raufußkauz".

Der Tipp für unterwegs

Die heimliche, nachtaktive Eule verrät sich am ehesten im Frühjahr: Dann hört man häufig ihren Balzgesang: Ein anschwellendes „Bu-bu-bu-bu-bu".

2 Sperlingskauz
Glaucidium passerinum

 🔭 Jan–Dez

Merkmale Durch seine geringe Körpergröße kaum mit anderen Eulen zu verwechseln. Typisch sind der flache Kopf und seine gelben Augen. **Lebensweise** Bewohnt ältere Mischwälder mit hohem Fichtenanteil bis hinauf in die Hochgebirge. Brütet in verlassenen Spechthöhlen. Erbeutet Mäuse und Kleinvögel bis zur eigenen Körpergröße. **Wissenswertes** Der winzige Sperlingskauz muss sich vor anderen Eulen in Acht nehmen. Deshalb fliegt er schon in der frühen Dämmerung aus und schläft nachts.

Der Tipp für unterwegs

Kleinste europäische Eule, wirkt im Sitzen wie ein plumper Spatz. Gesang eine eulenuntypische Aneinanderreihung weicher Pfeiftöne.

3 Uhu
Bubo bubo

 🔭 Jan–Dez

Merkmale Unverwechselbar durch Körpergröße, lange Federohren und orangegelbe Augen. **Lebensweise** Bewohnt verschiedenste Lebensräume vom Hochgebirge über ausgedehnte Wälder bis zu Kiesgruben im Flachland und erbeutet, was das Gebiet hergibt: Vom Igel über Frösche und Mäuse bis hin zu Feldhasen und Wasservögeln. **Wissenswertes** Wurde in Mitteleuropa Mitte des 19. Jahrhunderts bis an den Rand der Ausrottung bejagt. Heute durch Schutzmaßnahmen und Wiederansiedlung vielerorts wieder regelmäßiger Brutvogel.

Der Tipp für unterwegs

Mit seiner Körpergröße bis zu 75 cm und einer Flügelspannweite bis über 1,80 m weltweit größte Eule. Ruft nicht laut, aber dennoch weit hörbar dumpf „bu-ho!".

1 Waldohreule

Asio otus

 Jan–Dez

Merkmale Mittelgroße Eule mit langen Federohren und orangeroten Augen. **Lebensweise** Brütet meist an Nadelwald-Rändern oder in kleinen Feldgehölzen. Ruht tagsüber und fliegt erst in der Dämmerung über angrenzende Felder und Wiesen, um hier Wühlmäuse zu jagen. Überwintert oft zu mehreren gemeinsam in Parks und auf Friedhöfen, hier oft wenig scheu. **Wissenswertes** Obwohl sie neben dem Waldkauz unsere häufigste Eule ist, bekommt man sie im Sommer aufgrund ihrer heimlichen Lebensweise nur selten zu Gesicht.

Der Tipp für unterwegs

Federohren und Augenfarbe machen Verwechslung mit dem aber fast doppelt so großen Uhu möglich. Legt oft die Ohren an (vergleiche Waldkauz, s. u.).

2 Waldkauz

Strix aluco

 Jan–Dez

Merkmale Mittelgroße Eule mit schwarzen „Kirschaugen" und auffallend kurzem Schwanz. **Lebensweise** Unsere anpassungsfähigste und damit auch häufigste Eule. Erbeutet neben Mäusen auch Kleinvögel, Regenwürmer, Käfer, Fledermäuse oder Fische. So machen schlechte Mäusejahre dieser Eule nicht so schwer zu schaffen. **Wissenswertes** Der Waldkauz ist ein Kulturfolger. Er brütet nicht nur in Wäldern, sondern auch in Parks und Gärten, solange es dort alte, höhlenreiche Bäume gibt. Auch Nischen in ungestörten Gebäuden und Nistkästen nimmt er als Brutplatz an.

Der Tipp für unterwegs

Zur Frühjahrs- und Herbstbalz hört man kurz nach Sonnenuntergang seinen aus Krimis bekannten, schaurigschönen Gesang „hululuuuuuu-u-u".

3 Wendehals

Jynx torquilla

 Mai–Sept

Merkmale Schlanker und unauffälliger, rindenfarbener Specht. **Lebensweise** Brütet in Höhlen oder Nistkästen. Sucht seine Nahrung am Boden, hauptsächlich Ameisenlarven und -puppen. In den vergangenen Jahrzehnten dramatische Bestandseinbußen durch Rückgang extensiver Streuobstwiesen und Brachflächen. Zieht im Winter bis südlich der Sahara. **Wissenswertes** Er trommelt nicht, hat nur ein schlicht rindenfarbenes Federkleid und kann keine eigene Höhle zimmern – dennoch zählt der seltene Wendehals zu den Spechten!

Der Tipp für unterwegs

Lebt scheu und zurückgezogen, fällt am ehesten durch seinen quäkenden Reviergesang „gjä-gjä-gjä-gjä" auf.

1 Schwarzspecht

Dryocopus martius

  Jan–Dez

Merkmale Größter europäischer Specht (fast krähengroß); unverkennbar durch schwarzes Gefieder mit roter Kappe und kräftigem Meißelschnabel.
Lebensweise Zimmert jedes Jahr eine neue, geräumige Bruthöhle in alte Buchen oder Kiefern. Stochert in morschen Bäumen und unter Rinde nach Ameisen, Käferlarven und Spinnentieren. Trommelt laut und kraftvoll. **Wissenswertes** Die geräumigen Schwarzspecht-Höhlen vom Vorjahr sind wichtige und begehrte Bruthöhlen für viele andere Vogelarten, die nicht selber zimmern können; darunter Kleiber, Dohle, Raufußkauz, Hohltaube und Gänsesäger.

Der Tipp für unterwegs

Man hört ihn viel eher, als dass man ihn zu Gesicht bekommt: Sein unverwechselbares, kraftvolles „kliiöööhhh" hallt weit durch den Wald. Typischer Flugruf: „prü-prü-prü-prü".

2 Grünspecht

Picus viridis

  Jan–Dez

Merkmale Hübscher, grüner Specht mit roter Kappe. Im Flug fällt der gelbe Bürzel (Bereich oberhalb des Schwanzes) auf (ähnliche Art: Grauspecht, s. u.).
Lebensweise Ein Specht, der offene und lichte Landschaften bewohnt. Hier hüpft er zur Nahrungssuche am Boden herum, denn er jagt hauptsächlich Ameisen. Die angelt er mit seiner 10 cm langen Klebzunge aus den Gängen. Braucht alte Bäume zum Bau seiner Bruthöhle. Trommelt kaum und nur schwach.
Wissenswertes Durch Insektengifte im Obstbau und Ausräumung von Feldgehölzen bedrohte Art.

Der Tipp für unterwegs

„Lacht" hämisch „kjükjük-kjük-kjük..". Diese 12-20 „Lacher" werden alle in derselben Tonhöhe und Geschwindigkeit vorgetragen (vergleiche Grauspecht, s. u.).

3 Grauspecht

Picus canus

  Jan–Dez

Merkmale Grüner Specht mit grauem Kopf (Name!). Nur das Männchen hat einen roten Fleck auf der Stirn (vergleiche mit roter Kopfkappe beim Grünspecht, s. o.). Im Flug wird der gelbe Bürzel sichtbar. **Lebensweise** Oft im selben Lebensraum wie der Grünspecht, bewohnt aber mehr das Innere der Wälder. Auch auf offenen Flächen zur Ameisensuche, stochert aber öfter in Rinde und Totholz als der Grünspecht. **Wissenswertes** Die „moderne" Forstwirtschaft, in der Morsches keinen Platz hat, macht ihm zu schaffen.

Der Tipp für unterwegs

Seine „Lachstrophe" aus 5-20 abfallenden Flötentönen (vergleiche Grünspecht, s. o.) ist leicht nachzupfeifen. Damit lässt sich der Grauspecht im Frühjahr sogar anlocken.

1 Buntspecht
Dendrocopos major

=   Jan–Dez

Merkmale Kontrastreich schwarz-weiß mit großen, weißen Schulterflecken und auffallend roten Unterschwanzfedern (vergleiche Mittel- und Kleinspecht, s. u.). Das Männchen (**1a**) hat außerdem einen roten Fleck am Hinterkopf. **Lebensweise** Meißelt Bruthöhlen in morsche Baumstämme. Ernährt sich von holzbewohnenden Käfer- und Schmetterlingslarven, von Beeren, Baumfrüchten, Samen und räubert Eier und Küken aus fremden Nestern. **Wissenswertes** Dass der Buntspecht so häufig ist, liegt an seiner Vielseitigkeit: So ist er nicht auf eine bestimmte Nahrung spezialisiert wie z. B.. der Grünspecht und besiedelt, wenig scheu, zunehmend auch städtische Bereiche.

Der Tipp für unterwegs

Unser häufigster Specht, fehlt praktisch in keinem Nadel- oder Laubwald und kommt im Winter auch regelmäßig ans Vogelfutterhäuschen. Häufigster Ruf ist ein scharfes „kix!". Trommelt lange und ausgiebig.

2 Mittelspecht
Dendrocopos medius

<   Jan–Dez

Merkmale Ähnlich Buntspecht (s. o.), aber kleiner und sowohl Männchen als auch das Weibchen mit roter Kappe (vergleiche Kleinspecht, s. u.). **Lebensweise** Braucht urwüchsige Eichen- und Buchenwälder, Auwälder mit Bäumen, die mindestens 250 Jahre alt sind sowie Streuobstwiesen. **Wissenswertes** Wo Parks und Dörfer an Eichenwälder anschließen, ist er auch hier zu beobachten und kommt im Winter gern an Futterplätze.

Der Tipp für unterwegs

Zierlicher Specht mit leuchtend roter Kappe. Viel seltener als der Buntspecht, da er auf urwaldartige Wälder spezialisiert ist.

3 Kleinspecht
Dryobates minor

<   Jan–Dez

Merkmale Kleiner, schwarz-weißer Specht ohne weiße Schulterflecken (vgl. Bunt- und Mittelspecht). Männchen mit roter Stirn. **Lebensweise** Brütet in natürlichen Auwäldern und in sehr alten Laubwäldern mit reichlich morschen Bäumen. Pickt Spinnen, Insekten und deren Larven von Blättern und Zweigen. **Wissenswertes** Stochert im Winter, genau wie Bunt- und Mittelspecht nach Insekten, die sich unter der Baumrinde versteckt halten.

Der Tipp für unterwegs

Winziger Specht, nicht größer als ein Spatz. Zimmert sich eigene Bruthöhlen in schwache Seitenäste morscher Bäume.

1a 1b

2

3

1 Pirol

Oriolus oriolus

 Mai–Sept

Merkmale Kontrastreich gelb und schwarz mit kräftigem, rotem Schnabel. Weibchen und junge Männchen mehr grünlich. **Lebensweise** Lebt in feuchten Laubwäldern mit altem Baumbestand, wo er bei der Nahrungssuche in den dichten Baumkronen trotz seiner leuchtenden Färbung leicht übersehen wird. Auch sein Nest baut er meist hoch oben in der Baumkrone. Ernährt sich von Insekten und deren Larven, aber auch von Früchten. **Wissenswertes** Der Pirol wird überall seltener. Das liegt an der immer noch fortschreitenden Zerstörung flussbegleitender Auwälder.

Der Tipp für unterwegs

Singt unverwechselbar „düdlio". Flug stark wellenförmig. Blasser gefärbte Weibchen und junge, unausgefärbte Männchen können dabei unter Umständen mit Grün- oder Grauspecht (→ S. 18) verwechselt werden.

2 Eichelhäher

Garrulus glandarius

  Jan–Dez

Merkmale Rötlichbraun mit typischem, hellblau gestreiftem Feld auf dem Flügel. Im Flug sieht man deutlich den leuchtend weißen Bürzel (Bereich oberhalb der Schwanzfedern) und die blauweißen Flügel. **Lebensweise** In allen Wäldern häufig, bevorzugt die Nähe von Eichen, wo er ab Spätsommer Eicheln als Nahrungsvorrat für den Winter sammelt. **Wissenswertes** In seinem dehnbaren Kropf kann der Eichelhäher bis zu 10 Eicheln auf einmal transportieren. Er vergräbt sie in einem Erdloch, das er sorgfältig mit Laub und Moos bedeckt.

Der Tipp für unterwegs

Unverwechselbarer, häufiger Krähenvogel, der oft schon von Weitem mit seinem aufdringlichen „rätsch!" auf sich aufmerksam macht.

3 Kolkrabe

Corvus corax

  Jan–Dez

Merkmale Seine imposante Größe, das rein schwarze Gefieder und der kräftige Schnabel machen den Kolkraben unverwechselbar. **Lebensweise** Brütet ebenso in großen Wäldern wie an steilen Felswänden im Gebirge oder an der Küste. Ernährt sich hauptsächlich von Säugetieren: Aas steht an oberster Stelle auf dem Speiseplan, gefolgt von jungen oder kranken Tieren. Nimmt aber auch Abfälle und Früchte. **Wissenswertes** Als vermeintlicher „Nahrungskonkurrent" wird der schöne Kolkrabe leider noch immer verfolgt, geschossen und vergiftet.

Der Tipp für unterwegs

Mächtiger Krähenvogel, so groß wie ein Mäusebussard. Im Flug fallen neben der Größe sein typischer, keilförmiger Schwanz und der dicke Kehlsack auf. Ruft trocken „kork!"

1 Blaumeise
Parus caeruleus

  Jan–Dez

Merkmale Klein und rundlich mit gelbem Bauch, blaue Kappe und schwarzem Augenstreif. **Lebensweise** Häufige Meise in Wäldern, Parks und Gärten. Pickt hier kleine Insekten und Spinnen von Bäumen und Büschen. Braucht zum Brüten Baumhöhlen, nimmt aber auch gern Nistkästen an. Das Einflugloch sollte für die Blaumeise nicht größer als 26–27 mm sein, sonst zieht hier die kräftigere Kohlmeise ein. **Wissenswertes** Kommt im Winter gern ans Futterhaus und ist hier wenig scheu. Nimmt bevorzugt Meisenringe und Meisenknödel an.

Der Tipp für unterwegs
Niedlich wirkende, blau-gelbe Meise. Ihren silber-hellen Gesang erkennt man daran, dass nach 2–3 reinen Tönen immer ein tieferer Triller folgt: „Ti-ti-ti-tirrrrrrr".

2 Kohlmeise
Parus major

bekannt Jan–Dez

Merkmale Relativ plumpe Meise mit schwarz-weißem Kopf und schwarzem Bauchstreif, der beim Männchen deutlich breiter ist. **Lebensweise** In lichten Wäldern mit viel Unterholz, auch in Parks und kleinen Gärten mit dichter Bebauung häufig. Ernährt sich zur Brutzeit von Insekten, besonders von Raupen, aber auch von Spinnen und anderem Kleingetier. Sucht oft am Boden nach Nahrung. **Wissenswertes** Brütet ursprünglich in Baumhöhlen, nimmt gern Nistkästen an und brütet auch in schmalen Mauerritzen, Briefkästen o. ä..

Der Tipp für unterwegs
Typischer Gesang „zi-zi-bääh". Unsere häu-figste Meise; brütet oft in Gärten und ist ein regelmäßiger Gast bei der Winterfütterung.

3 Haubenmeise
Parus cristatus

  Jan–Dez

Merkmale Kleine, schlicht hellbraune Meise mit graumelierter Federhaube und schwarzem Halsband. Typisch: Ihr schwarzes „C" auf der Wange. **Lebensweise** Die Haubenmeise braucht zumindest etwas morsches Holz, denn mit ihrem kleinen, aber kräftigen Schnabel zimmert sie sich ihre Bruthöhle selbst. Hält sich meist hoch oben in der Kronenregion auf, ernährt sich im Sommer von kleinen Insekten, im Winter von Nadelbaumsamen. **Wissenswertes** Versteckt Baumsamen und kleine Insekten als Wintervorrat zwischen Flechten und Nadeln.

Der Tipp für unterwegs
Immer in Nadelwäldern; auch auf Friedhöfen und in Parks mit Nadelbäu-men. Ruft fast ständig „zigürr", wodurch man die kleine Meise leicht entdeckt. Unsere einzige Meise mit Federhaube.

1

2

3

1 Tannenmeise
Parus ater

  Jan–Dez

Merkmale Die Tannenmeise ist deutlich kleiner und nur halb so schwer wie die ähnliche Kohlmeise. Wichtiges Unterscheidungsmerkmal: Der Gesang und ihr weißer Nackenfleck. **Lebensweise** Häufige Meise in Fichtenwäldern, auch in Parks, auf Friedhöfen und in Gärten mit Fichten. Brütet in Baumhöhlen oder Felsspalten. Ernährt sich im Sommer von Insekten, im Winter von Fichtensamen. **Wissenswertes** Hüpft, huscht und flattert pausenlos durch dicht benadelte Äste. Versteckt Vorräte an äußersten Zweigspitzen zwischen Nadeln und besucht im Winter auch Fütterungsplätze.

Der Tipp für unterwegs

In Nadelwäldern. Typischer Gesang „wize-wize-wize" mit Betonung auf jeweils 1. Silbe das ganze Jahr über zu hören. Ähnlich Kohlmeise (→ S. 24), aber kleiner und blasser.

2 Weidenmeise
Parus montanus

  Jan–Dez

Merkmale Hellbraune Meise mit weißen Wangen und schwarzer Kopfkappe. Typisch ist ein schwarzer Kinnfleck, der im Unterschied zur Sumpfmeise recht breit und eher unscharf gezeichnet ist. **Lebensweise** Häufige Meise in feuchten Mischwäldern mit morschem Holz. **Wissenswertes** Zimmert sich im Gegensatz zur Sumpfmeise ihre Bruthöhle selber und benötigt dafür morsche Bäume. Seltener in Parks und Gärten als die Sumpfmeise, erscheint nur ausnahmsweise an Winter-Fütterungsplätzen.

Der Tipp für unterwegs

Von der zum Verwechseln ähnlichen Sumpfmeise (s. u.) am besten durch ihre Stimme zu unterscheiden: Die Weidenmeise ruft breit gedehnt „däh-däh-däh".

3 Sumpfmeise
Parus palustris

 Jan–Dez

Merkmale Hellbraune Meise mit schwarzem Kinnfleck, der kleiner und schärfer begrenzt ist als bei der Weidenmeise (s. o.). **Lebensweise** Brütet in bereits vorhandenen Baumhöhlen in feuchten Laub- und Mischwäldern; auch in Parks, auf Friedhöfen und in Gärten. Das Weibchen brütet allein, wird dabei aber vom Männchen gefüttert. Ernährt sich von Insekten und Spinnen, im Winter von Samen. Versteckt Nahrungsvorräte in Rindenspalten. **Wissenswertes** Sehr brutortstreu, besetzt Jahr für Jahr dasselbe Revier. Im Winter im Gegensatz zur Weidenmeise regelmäßig am Futterplatz zu beobachten.

Der Tipp für unterwegs

Nicht in Sümpfen. Ruft im Unterschied zur ähnlichen Weidenmeise (s. o.) scharf und abgehackt klingend „piestä-tjä-tjä".

1 Schwanzmeise

Aegithalos caudatus

  Jan–Dez

Merkmale Unverwechselbar durch ihr „niedliches" Aussehen mit langem Schwanz, rundlichem, kleinen Körper, der rosa Tönung und dem winzig kleinen Schnabel. **Lebensweise** Bewohnt Laub- und Mischwälder mit dichtem Unterwuchs, auch Parks, Friedhöfe und Gärten. Turnt und hängt oft kopfüber bei der Nahrungssuche, benutzt dabei den langen Schwanz zum Ausbalancieren. Baut kunstvolle Nester, die wie eiförmige Tannenbaumkugeln meist an Nadelbäumen hängen. **Wissenswertes** Zieht im Winter in Schwärmen umher. Hohe Sterblichkeit in Kältewintern, weil sie unter Schnee und Eis keine Nahrung findet.

Der Tipp für unterwegs
Verrät sich durch ihr charakteristisches „Tschirpen" bei der Nahrungssuche. In Europa kommen verschiedene Unterarten vor, manche davon mit rein weißem Kopf, andere mit breitem, dunklem Streif über dem Auge.

2 Mönchsgrasmücke

Sylvia atricapilla

  **Apr–Sept**

Merkmale Graubraun mit schwarzer (Männchen, **2a**) bzw. rotbrauner Kopfkappe (Weibchen und Jungvögel, **2b**). **Lebensweise** In halbschattigen Laubwäldern, fehlt aber auch in keinem Park, auf Friedhöfen und in buschreichen Gärten. Frisst wenig wählerisch mehr als 100 verschiedene Arten von Kleingetier und steigt im Sommer auf Beerennahrung um, mit der auch schon die Küken gefüttert werden. **Wissenswertes** Wechselt im Juni/Juli aus dem Brutrevier in Gebiete mit gutem Beerenangebot.

Der Tipp für unterwegs
Sehr häufig, doch meist im dichten Gebüsch übersehen. Sehr prägnanter, melodiöser Gesang: Erst plaudernd, dann nach einem „Überschlag" in Flötentönen endend.

3 Wintergoldhähnchen

Regulus regulus

  Jan–Dez

Merkmale Gerade mal 9 cm groß und 5 g schwer und damit kleinster Vogel Europas. Gefieder grüngrau mit typischem, gelbem Mittelstreifen auf dem Kopf (beim Männchen etwas orange). Dieser Streifen ist schwarz gesäumt. **Lebensweise** Brütet in Nadelwäldern, wo es sein freihängendes, kugeliges und gut getarntes Nest meist in hohen Fichten aufhängt. **Wissenswertes** Das Wintergoldhähnchen hat noch eine Zwillingsart, das Sommergoldhähnchen (*Regulus ignicapillus*). Typisch ist sein schwarz-weiß gestreiftes Gesicht.

Der Tipp für unterwegs
Winziges Vögelchen, das zudem noch hoch oben im Geäst herumturnt. Verrät sich am ehesten durch seine hohen, feinen, auf- und absteigenden Gesangsstrophen.

1 Waldlaubsänger
Phylloscopus sibilatrix

  Apr–Sept

Merkmale Olivgrün und wenig auffällig. Hat im Unterschied zu Fitis und Zilpzalp (s. u.) eine gelbe Brust, gelbe Kehle und gelben Augenstreif. Wie auch diese beiden Arten am besten anhand des Gesanges zu bestimmen. **Lebensweise** In Buchenhochwäldern mit nur wenig Unterwuchs. Hier lassen sich seine Singflüge, die in Bogen und Schleifen durchs Geäst führen, sehr gut beobachten. **Wissenswertes** Langstreckenzieher, der südlich der Sahara überwintert und diese offenbar, anders als die meisten anderen Vögel, zentral durchfliegt.

Der Tipp für unterwegs

Typisch: Sitzt meist auf einem horizontalen Ast im Buchenwald und singt sein unverwechselbares, schwirrendes Lied „sid-sid-sid-sid-sirrrrrrrrrrr".

2 Fitis
Phylloscopus trochilus

  Apr–Okt

Merkmale Olivgrün mit weißlicher Unterseite und typischem, feinen Insektenfresser-Schnabel. Von der Zwillingsart Zilpzalp (s. u.) nur durch den Gesang zu unterscheiden. **Lebensweise** Brutvogel in lichten, lockeren Wäldern und Gebüschen. Gern in feuchten Weidendickichten, bereits kleinste Buschinseln genügen ihm zum Brüten. **Wissenswertes** Langstreckenzieher, wobei unsere mitteleuropäischen Fitisse „nur" bis nach Westafrika ziehen; die skandinavischen Fitisse bis nach Südafrika mit Flugstrecken bis zu 13 000 km.

Der Tipp für unterwegs

Unscheinbarer Kleinvogel, dessen weich flötender, in den Tönen abfallender Gesang „didi die düe dea deida da" aber unverwechselbar ist (vergleiche Zilpzalp, s. u.).

3 Zilpzalp
Phylloscopus collybita

  März–Okt

Merkmale Oberseits olivgrün, Bauch weißlich (vgl. Fitis, s. o.). Typisch: Wippt bei der Nahrungssuche ständig mit dem Schwanz. **Lebensweise** Einer unserer häufigsten, wenn auch nicht bekanntesten Vögel. Und das, obwohl der Zilpzalp im Gegensatz zum Fitis auch häufig in Parks, auf Friedhöfen und in Gärten brütet. **Wissenswertes** Kehrt als einer der ersten Zugvögel schon früh im März zu uns zurück und fällt durch seinen pausenlos vorgetragenen Gesang auf. Im Gegensatz zum Fitis ein Mittelstreckenzieher mit Hauptüberwinterungsgebiet im Mittelmeerraum.

Der Tipp für unterwegs

Singt ausdauernd seinen Namen „zilp-zalp-zalp-zalp-zilp-zilp-zalp-zalp". Daran am ehesten von seiner Zwillingsart, dem Fitis (s. o.) zu unterscheiden.

1 Kleiber

Sitta europaea

 🔭 Jan–Dez

Merkmale Spatzengroßer, rundlicher Vogel mit auffallend kurzem Schwanz, großem Kopf und spechtartigem Schnabel. Unverwechselbar mit seinem orangebraunen Bauch und dem schwarzen Augenstreif.
Lebensweise Höhlenbrüter, der zu große Höhleneingänge mit Lehmklümpchen kleiner kleistert.
Wissenswertes In Gärten mit altem Baumbestand ist der Kleiber ein regelmäßiger Futterhausbesucher: Schnell räumt er hier alle Sonnenblumenkerne ab und versteckt sie als persönlichen Vorrat in Rindenritzen oder Nisthöhlen.

Der Tipp für unterwegs

Immer an oder in der Nähe von alten Bäumen. Läuft pausenlos an Stamm und Ästen auf und ab, auch kopfüber. Ruft durchdringend „twiet-twiet".

2 Waldbaumläufer

Certhia familiaris

  Jan–Dez

Merkmale Rindenfarbiger, mausartiger Vogel mit recht langem, abwärts gebogenem Schnabel. Vom sehr ähnlichen Gartenbaumläufer (s. u.) am ehesten durch den Gesang zu unterscheiden. **Lebensweise** Vorzugsweise in Nadelwäldern (vgl. Gartenbaumläufer), wo er sein Nest hinter losen Rindenstücken anlegt. Stochert mit seinem langen Schnabel Insektenlarven, -puppen und Spinnen aus grobborkiger Baumrinde. **Wissenswertes** Unsere Baumläufer sind Standvögel, die auch im Winter in ihren Brutrevieren bleiben, sie aber nicht gegen Artgenossen verteidigen.

Der Tipp für unterwegs

Klettert spiralförmig um Baumstämme herum, ist dabei gut getarnt. Feiner leiser, auf- und absteigender Gesang, der an Wintergoldhähnchen erinnert.

3 Gartenbaumläufer

Certhia brachydactyla

  Jan–Dez

Merkmale Kleiner, rindenfariger Vogel mit recht langem, abwärts gebogenem Schnabel (vgl. Waldbaumläufer). **Lebensweise** Der Gartenbaumläufer ist nicht an Nadelbäume gebunden wie der Waldbaumläufer. Er brütet auch regelmäßig in Laubwäldern, Parks und in Gärten mit altem Baumbestand.
Wissenswertes An einem Wintertag sucht der Gartenbaumläufer manchmal 200–300 Bäume nach Nahrung ab; dabei legt er Kletterstrecken von 2–3 km zurück. Nachts kuscheln sich Baumläufer oft zu mehreren in Nischen zusammen und wärmen sich.

Der Tipp für unterwegs

Klettert wie sein Zwilling, der Waldbaumläufer (s. o.) ruckartig an Baumstämmen und pickt dabei Insekten aus der Rinde. Singt recht laut und kräftig seine flötende Strophe: „ti-ti-titirüisri".

1 Zaunkönig
Troglodytes troglodytes

  Jan–Dez

Merkmale Mit nur 10 cm Größe einer unserer kleinsten Singvögel. Rundliche Gestalt mit kurzem Schwanz und feinem, pinzettenartigem Schnabel sind typisch. Singt: „Mücken-und-Fliegen-die-sind-zu-genießen-aber-Spinnen-brrrrrrrrrrr-die-zieh'-ich vorrrrrr"! **Lebensweise** Häufiger Jahresvogel in Wäldern, Gebüschen und Gärten, gern in Gewässernähe. Baut sein kugeliges Nest mit seitlichem Eingang in kleinste Ritzen, gern auch unter Dachüberständen an Häusern. **Wissenswertes** Übernachtet im Winter häufig in oder an Gebäuden.

Der Tipp für unterwegs

Winzling mit laut schmetterndem Gesang, der auch im Winter zu hören ist. Huscht mausartig durchs Unterholz und knickst oft mit aufgerichtetem Schwanz.

2 Star
Sturnus vulgaris

  Jan–Dez

Merkmale Ähnlich einer Amsel, doch ist die Körperhaltung beim Star auffallend aufrecht und sein Schwanz ist auch kürzer. **Lebensweise** Brütet ursprünglich in alten Laubwäldern mit Spechthöhlen. Sehr häufiger Kulturfolger, der auch regelmäßig in Siedlungen brütet, wo er Nistkästen bezieht. Geht bei der Futtersuche auf Wiesen und Weiden auffallend geschäftig umher und stochert im Boden nach Larven von Schnaken und Käfern. **Wissenswertes** Außerhalb der Brutzeit ziehen Stare in großen Schwärmen umher und besuchen dann gerne Obstgärten, wo sie mit Vorliebe Beeren und andere Früchte fressen.

Der Tipp für unterwegs

Stare sind sogenannte „Teilzieher": Je nach Witterung ziehen sie bis ans Mittelmeer oder bleiben über Winter im Brutgebiet. In den letzten Jahren bleiben immer mehr Stare über den Winter hier.

3 Misteldrossel
Turdus viscivorus

  Jan–Dez

Merkmale Große, kräftige Drossel mit kräftig dunkel gepunkteter Unterseite. Steht im Gegensatz zur ähnlichen Singdrossel oft aufrecht. **Lebensweise** Bewohnt lichte Nadelwaldränder, wo sie auf angrenzenden Wiesen und Weiden nach Nahrung sucht. Das sind im Frühjahr hauptsächlich Regenwürmer, Käfer und Insektenlarven, im Sommer und Herbst Früchte zahlreicher Sträucher, darunter auch Mistelbeeren (Name!). **Wissenswertes** Brütet zunehmend auch in parkartigen Landschaften und zeigt hier wenig Scheu vor Menschen.

Der Tipp für unterwegs

Schnarrt bei Störung typisch. Das klingt so, als würde man einen Kamm über eine Tischkante ziehen. Singt amselartig, aber nicht so vielfältig. Von der ähnlichen Singdrossel (→ S. 36) am besten durch Gesang und Ruf zu unterscheiden.

1 Amsel
Turdus merula

bekannt **Jan–Dez**

Merkmale Männchen schwarz mit gelbem Schnabel und gelbem Augenring, Weibchen braun mit bräunlichem Schnabel. **Lebensweise** Ursprünglich in deckungsreichen Wäldern zuhause fehlt die Amsel als erfolgreicher Kulturfolger heute in praktisch keinem Lebensraum. Ernährt sich hauptsächlich von Regenwürmern, Käfern und Früchten. **Wissenswertes** Die Amsel zählt zu den Drosseln und wird im Volksmund auch „Schwarzdrossel" genannt. Im Winter kommt sie häufig an Futterstellen, wobei sie angebotenes Körnerfutter zwar annimmt, aber kaum verdauen kann. Besser sind am Boden ausgelegte Äpfel.

Der Tipp für unterwegs

Überall häufig, selbst inmitten von Großstädten. Singt noch vor Sonnenaufgang melodiös flötend, häufig von exponierter Sitzwarte.

2 Singdrossel
Turdus philomelos

  **März–Nov**

Merkmale Kleine Drossel mit dunklen Flecken auf der rahmfarbenen Unterseite. Von der ähnlichen, wenn auch deutlich größeren Misteldrossel (→ S. 34) am besten durch Gesang zu unterscheiden. **Lebensweise** Brütet in Laub- und Nadelwäldern, aber auch in Parks, auf Friedhöfen und in Gärten, wo sie aber – abgesehen von ihrem Gesang – unauffällig ist. Lebt im Frühling hauptsächlich von Regenwürmern, im Sommer von Schnecken und im Herbst und Winter von Beeren. **Wissenswertes** Anders als unsere Amseln zieht die Singdrossel im Winter Richtung Süden ans Mittelmeer.

Der Tipp für unterwegs

Häufige aber scheue, waldbewohnende Drossel, die man zur Dämmerung singen hört, aber nur selten zu Gesicht bekommt. Wiederholt alles zweimal: „Kuhdieb! Kuhdieb!"

3 Wacholderdrossel
Turdus pilaris

  Jan–Dez

Merkmale Große Drossel mit grauem Kopf, rotbraunem Rücken und grauem Bürzel (Bereich oberhalb der Schwanzfedern), der besonders im Flug auffällt. **Lebensweise** Brütet in kleinen Kolonien an Waldrändern, von wo aus sie auf regenwurmreiche Wiesen ausschwärmt. Futtert ab Sommer Beeren und andere Früchte. Brütet zunehmend auch im Siedlungsbereich, sogar in Parks inmitten von Städten. **Wissenswertes** Im Winter kommen große Wacholderdrossel-Schwärme aus dem Norden zu uns.

Der Tipp für unterwegs

Auffällig grau und braun gezeichnete Drossel. Oft in Schwärmen, wobei ihre lauten „schack-schack-schack"-Rufe sie unverwechselbar machen.

1 Grauschnäpper

Muscicapa striata

 =   Mai–Sept

Merkmale Spatzengroß und schlicht grau mit typischer, gestrichelter Brust. Auf den zweiten Blick ein aparter Vogel mit großen, dunklen Augen und eleganten, langen Flügeln. **Lebensweise** Brutvogel in lichten Wäldern, Parks und insektenreichen Gärten. Baut sein Nest in Halbhöhlen und ernährt sich hauptsächlich von Mücken, Fliegen und kleinen Faltern. **Wissenswertes** Jagt nach typischer Fliegenschnäpper-Manier Insekten im Flug: Dabei fliegt er von einer erhöhten Sitzwarte los, schnappt sich seine Beute und landet zum Verzehr wieder auf derselben Sitzwarte. Dieses Verhalten lässt sich gut zur Bestimmung heranziehen.

Der Tipp für unterwegs

Früher als „Hausvögelchen" vielen bekannt, da er wenig scheu auch gern am Haus brütet, z. B. auf Außenleuchten oder auf überstehenden Dachbalken. In den letzten Jahrzehnten selten geworden.

2 Trauerschnäpper

Ficedula hypoleuca

 =   Apr–Sept

Merkmale Schwarzer Rücken und Oberkopf und der reinweiße Bauch sind typisch für das Männchen, im Flug fallen außerdem die weißen Flügelfelder auf. Weibchen blassbraun, es kommen aber auch braun gefärbte Männchen vor. **Lebensweise** Brutvogel in Laub- und Mischwäldern mit gutem Höhlenangebot; nimmt auch gern Nistkästen an und brütet dann auch im Siedlungsbereich. **Wissenswertes** Im südlichen und östlichen Mitteleuropa brütet noch eine Zwillingsart, der Halsbandschnäpper. Das Männchen trägt hier ein auffälliges, weißes Nackenband.

Der Tipp für unterwegs

Kontrastreich schwarzweiß. Singt mit starker Betonung „psi-tschitschu-tschi-tschu-tschitschu".

3 Zwergschnäpper

Ficedula parva

 ‹    Mai–Sept

Merkmale Das Männchen ist vom Rotkehlchen (→ S. 42) durch den grau abgesetzten Kopf und seine weißen Schwanzaußenfedern zu unterscheiden. Einfach ist die Bestimmung anhand des Gesanges: Der Zwergschnäpper leiert die Tonleiter hinunter wie der Fitis (→ S. 30). Weibchen schlicht graubraun. **Lebensweise** In totholzreichen, schattig-feuchten Laub- und Mischwäldern. **Wissenswertes** Langstreckenzieher, der in Nordost-Pakistan und in Indien überwintert.

Der Tipp für unterwegs

Meist übersehen, weil es so klein ist und sich zudem gern im Schattenbereich der Äste aufhält. Das Männchen sieht dem Rotkehlchen ähnlich.

1 Sprosser
Luscinia luscinia

  Mai–Sept

Merkmale Unscheinbar graubraun mit rötlichbraunem Schwanz. Gesang kräftiger, kehliger und rhythmischer als bei der Nachtigall, er lässt sich leicht mitklopfen. Außerdem fehlen die typischen, in der Tonhöhe abfallenden „düh-düh-düh-düh-düh"-Reihen der Nachtigall. **Lebensweise** Baut sein bodennahes Nest in sumpfigen Auwäldern und an Seeufern. **Wissenswertes** Im Gegensatz zur Nachtigall besiedelt der Sprosser den Norden und Osten Europas von Schweden über Dänemark und Schleswig-Holstein in die Schweiz und nach Polen bis weit nach Sibirien hinein.

Der Tipp für unterwegs
Zwillingsart der Nachtigall (s. u.), die nicht nur täuschend ähnlich aussieht, sondern auch noch sehr ähnlich singt. Außer an der Verbreitungsgrenze am ehesten anhand des Brutgebietes zu erkennen.

2 Nachtigall
Luscinia megarhynchos

  Apr–Sept

Merkmale Etwas kleiner als eine Singdrossel mit braunem Rücken und leuchtend rotbraunen Schwanzfedern. Legendär ist ihr nicht nur nächtlich vorgetragener Gesang: Erst langsam, dann explosiv „tschok-tschok-tschok" mit wehmütigen, in der Tonhöhe abfallenden „düh-düh-düh-düh-düh"-Reihen. **Lebensweise** In Feuchtgebieten wie der Sprosser, brütet aber auch in Hecken und trockeneren Feldgehölzen. **Wissenswertes** Besiedelt im Gegensatz zum Sprosser den Westen und den gesamten Süden Europas von Deutschland bis nach Portugal über Frankreich und Italien bis in die Türkei.

Der Tipp für unterwegs
Nicht nur für uns Menschen ist die Nachtigall kaum vom Sprosser (s. o.) zu unterscheiden, das scheint auch für die Vögel selbst schwierig zu sein: So kommt es immer wieder zu Mischbruten der beiden Arten.

3 Gartenrotschwanz
Phoenicurus phoenicurus

  Apr–Okt

Merkmale Auffälliges Männchen (**3a**) mit schwarzem Gesicht und Kehle, weißem Gesichtsstreifen und leuchtend orangefarbenem Bauch und Brust. Weibchen (**3b**) schlicht braun, beide mit rotem Schwanz. Männchen singt unermüdlich „jiiieeehhh-jück-jück-jück-jück". **Lebensweise** Insekten- und Spinnenjäger in höhlenreichen Laub- und Mischwäldern, Parks und (Obst-)Gärten. **Wissenswertes** Langstreckenzieher, der jedes Frühjahr aus West- und Zentralafrika zu uns zurückkehrt.

Der Tipp für unterwegs
Leuchtend roter Schwanz fällt im Flug auf. Männchen bunt, Weibchen sehr ähnlich Hausrotschwanz-Weibchen (→ S. 166)

1 Rotkehlchen
Erithacus rubecula

  = Jan–Dez

Merkmale Rundlich mit orangeroter Kehle und Brust (vergleiche Zwergschnäpper → S. 38), großen, dunklen Augen und feinem Schnabel. Männchen und Weibchen sehen gleich aus. **Lebensweise** In Laub- und Nadelwäldern mit gut ausgebildeter Strauchschicht. Sucht am Boden nach Raupen, Käfern, Ohrwürmern und anderem Kleingetier und pickt ab Sommer auch Früchte. Baut sein Nest in bodennahen Verstecken. **Wissenswertes** Rotkehlchen nehmen im Winter gern weiches Futter (Haferflocken-Fettgemische) vom Boden auf.

Der Tipp für unterwegs

Bekannt und beliebt, brütet häufig in Hausnähe und wird hier sehr zutraulich. Feierlicher, wehmütiger Gesang in der Dämmerung. Ruft „snick-snick", das klingt, als würde man zwei Steine gegeneinander schlagen.

2 Heckenbraunelle
Prunella modularis

  = Jan–Dez

Merkmale Unscheinbar graubraun gefärbt, wird häufig für einen Haussperling (→ S. 182) gehalten. **Lebensweise** Huscht häufig wie eine Maus am Boden umher und pickt dabei Schmetterlingsraupen, Ameisenpuppen, Fliegen, kleine Käfer und kleine Schnecken auf. Im Sommer wird der Speiseplan mit Samen von Brennnesseln, Ampfer und anderen Kräutern erweitert. **Wissenswertes** Ursprünglich in jungen Fichtenwäldern zuhause brütet die Heckenbraunelle zunehmend auch in Heckenlandschaften und Gärten.

Der Tipp für unterwegs

Gefärbt ähnlich wie ein Spatz, aber mit feinem Schnabel und silberhellem Gesang. Singt häufig gut sichtbar von einer hohen Warte aus, z. B.. von Fichtenspitzen.

3 Gimpel
Pyrrhula pyrrhula

  ‹ Jan–Dez

Merkmale Typisch ist der schwarze Kopf mit dem kurzen, kegelförmigen Schnabel. Männchen (**3a**) mit auffallender, roter Unterseite, beim Weibchen ist sie braungrau (**3b**). **Lebensweise** Brütet ursprünglich an Waldrändern und auf Lichtungen, aber auch auf Friedhöfen, in Gärten und zunehmend sogar inmitten von Städten. Der kräftige Schnabel verrät den Vegetarier: Gimpel leben ganzjährig von Samen und Knospen, ihre Jungen füttern sie aber auch mit weicheren Insekten, Spinnen und Schnecken. **Wissenswertes** Sein Lockruf, ein weiches, abfallendes „diü... diü..." ist leicht nachzupfeifen.

Der Tipp für unterwegs

Männchen mit signalroter Unterseite; wird trotz seiner leuchtenden Färbung aber leicht übersehen, da er zur Brutzeit sehr heimlich lebt und auch sein Gesang kaum auffällt.

1 Buchfink
Fringilla coelebs

  Jan–Dez

Merkmale Männchen bunt mit grauem Kopf und rostbraunem Rücken und Bauch, Weibchen unscheinbar bräunlich. **Lebensweise** Der anpassungsfähige Buchfink ist im Wald zuhause, brütet aber heute wirklich fast überall. Meist hüpft er zur Nahrungssuche ruckartig am Boden umher, dabei pickt er Samen von Wildkräutern und Bäumen, aber auch Insekten auf. **Wissenswertes** Im Winter sieht man Buchfinken in Schwärmen mit anderen Finken und Ammern umherziehen, häufig sind auch Bergfinken aus dem hohen Norden mit dabei.

Der Tipp für unterwegs

Schmettert seine abfallende Strophe von hohen Ästen oft über 2000-mal am Tag. Im Winter mit dem nordischen Bergfink (s. u.) zu verwechseln.

2 Bergfink
Fringilla montifringilla

  Okt–Apr

Merkmale Im Winterkleid ähnlich unserem häufigen Buchfink (s. o.), aber die Brust ist mehr orange und im Flug fällt sofort der weiße Bürzel (Bereich oberhalb der Schwanzfedern) auf. **Lebensweise** Brutvogel Skandinaviens, Russlands und Sibiriens, wo er in lichten Wäldern brütet. Flieht vor dem schneereichen Winter in Richtung Süden, bis er in schneefreie Gebiete mit einem guten Angebot an Bucheckern gelangt. **Wissenswertes** In jüngster Zeit wurden riesige Schwärme von Bergfinken vor allem in Süddeutschland und in der Schweiz beobachtet.

Der Tipp für unterwegs

Wintergast aus dem hohen Norden, den man häufig in Gesellschaft anderer Finken antrifft. So lohnt es, am Futterhäuschen jeden Fink genauer unter die Lupe zu nehmen!

3 Kernbeißer
Coccothraustes coccothraustes

  Jan–Dez

Merkmale Kräftiger, braunroter Vogel mit großem Kopf und sehr kräftigem Schnabel. **Lebensweise** Brutvogel in Mischwäldern, aber auch in Parks und Gärten. Trotz seiner auffälligen Gestalt bekommt man ihn nicht oft zu Gesicht, weil er seine Nahrung (Samen von Kirschen, Buchen und anderen Bäumen) meist oben in den Baumkronen sucht und auch hier brütet. **Wissenswertes** Die besten Chancen, einen Kernbeißer zu sehen, bestehen im Winter. Dann verlässt er die Baumkronen und sucht sein Futter auch am Boden und sogar am Futterhäuschen.

Der Tipp für unterwegs

Der mächtige, helle Schnabel fällt sofort auf. Meist bemerkt man den scheuen Baumkronen-Bewohner aber nur wegen seiner scharfen, aus großer Höhe ertönenden „zick"-Rufe.

1 Grünfink

Carduelis chloris

  Jan–Dez

Merkmale Kräftiger, grünlicher Fink, im Flug fallen die gelben Schwanzränder und gelbe Flügelfelder auf. Weibchen insgesamt weniger grün als Männchen. **Lebensweise** Brutvogel in lichten Mischwäldern, an Waldrändern, in kleineren Feldgehölzen und auch in Parks und Gärten. Ernährt sich je nach Jahreszeit von Knospen, Samen und Früchten. **Wissenswertes** Grünfinken verzehren besonders gern Hagebutten. Am Winter-Futterplatz sind sie sehr dominant und verjagen oft kleinere Vögel.

Der Tipp für unterwegs

Grünlichgelber Fink mit kräftigem Schnabel. Ruft unverwechselbar den Anfang seines Namens: „Grrrüüüüü"!

2 Erlenzeisig

Carduelis spinus

  Jan–Dez

Merkmale Kleiner, gelblichgrün und schwarz gestrichelter Fink mit feinem Schnabel. **Lebensweise** Brütet in lichten Nadelwäldern und in Gärten mit Fichten. Brutbeginn abhängig vom Angebot an Fichtensamen, in manchen Jahren schon ab Februar, meist aber ab März. Im Winter gern in Wassernähe an Erlen, Weiden oder Pappeln. **Wissenswertes** Die Brutbestände des Erlenzeisigs sind starken lokalen Schwankungen unterlegen, je nach Nahrungsangebot. Dasselbe gilt auch für die bei uns überwinternden Erlenzeisig-Schwärme aus dem hohen Norden.

Der Tipp für unterwegs

Turnen im Winter oft in Schwärmen an Erlen herum, wo sie die Samen aus den kleinen Erlenzapfen herauspicken (Name!). Fallen hier durch ihren leisen, zwitschernden Gruppengesang auf.

3 Fichtenkreuzschnabel

Loxia curvirostra

 Jan–Dez

Merkmale Männchen (**3a**) überwiegend leuchtend rot, Weibchen (**3b**) grünlichbraun. Beide mit überkreuztem Schnabel, der ideal geeignet ist, um Nadelbaum-Samen aus den Zapfen herauszupulen. **Lebensweise** Brutvogel in Nadelwäldern und auch in Parks mit Nadelbäumen. Der Fichtenkreuzschnabel ist stark abhängig von der Verfügbarkeit an Nadelbaum-Samen. Sind sie reif, brütet er auch schon im Januar. **Wissenswertes** Weiter nördlich, in Skandinavien bis Sibirien, brütet die Zwillingsart, der noch etwas kräftigere Kiefernkreuzschnabel, von denen vereinzelte Vögel auch schon in Deutschland aufgetaucht sind.

Der Tipp für unterwegs

Immer an Nadelbäumen, brütet auch mitten im Winter. Typisch ist der kräftige Schnabel mit überkreuzten Spitzen (Name!).

Lebensraum Wiese, Feld, Feldgehölze

Beim Spaziergang durch Wiesen und Felder ist ein kleines Fernglas im Jacken-taschenformat unglaublich praktisch und sollte eigent-lich immer dabei sein. Da rüttelt ein Turmfalke, hoch am Himmel singt die Feld-lerche und durch saftiges Grün schleichen sich womög-lich Uferschnepfe und Kie-bitz. Tatsächlich lassen sich Vögel in diesem offenen Lebensraum gut beobachten, doch nicht immer so nah, dass die Bestimmung auch ohne Fernglas gelingt.

1 Rebhuhn
Perdix perdix

 Jan–Dez

Merkmale Kleiner als ein Haushuhn, schlicht braungrau marmoriert mit orangerotem Gesicht. Im Flug fällt der rostrote Schwanz auf. **Lebensweise** Ursprünglich ist das Rebhuhn ein Steppenvogel; in Mitteleuropa nutzt es offene Weiden und Felder als Ersatzsteppe. **Wissenswertes** Die Intensivierung der Landwirtschaft mit Giftspritze und zu häufiges Mähen hat das Rebhuhn vielerorts aussterben lassen, auch fehlen naturbelassene Ackerränder und Feldhecken zum Verstecken.

Der Tipp für unterwegs

Aufgescheucht rennt es schnell und fliegt dann mit einem burrenden Fluggeräusch knapp über dem Boden davon. Typisch sind dabei schnelle Flügelschläge, die mit Gleitstrecken abwechseln.

2 Fasan, Jagdfasan
Phasanius colchicus

 Jan–Dez

Merkmale Männchen (**2a**) bunt mit rotem Gesicht; blauschillerndem Hals, rotbraun marmoriertem Körper und langem Schwanz. Weibchen (**2b**) schlicht gelbbraun. **Lebensweise** Lebt in Feldern und Wiesen mit ausreichend Deckungsmöglichkeit. Hier ernährt er sich sehr vielseitig von Sämereien, Früchten, Wurzeln, Pilzen und Insekten. **Wissenswertes** Der Fasan ist ursprünglich in Asien zuhause. Beliebt als Jagdobjekt wurde er wohl schon von den Römern in Mitteleuropa ausgesetzt. Hier kann er sich nur durch Zufütterungen und weitere Freilassung gezüchteter Fasane halten.

Der Tipp für unterwegs

Männchen mit überlangem Schwanz unverwechselbar. Oft wenig scheu, da es sich meist um Volierenvögel handelt, die zu Jagdzwecken ausgesetzt wurden.

3 Wachtel
Coturnix coturnix

 Mai–Okt

Merkmale Nicht größer als eine Amsel und dabei tarnfarben und kurzschwänzig. Typisch: Wachteln fliegen bei Gefahr kaum auf, sondern flüchten zu Fuß durchs hohe Gras. **Lebensweise** Lebt heimlich in warmem, offenem Grasland, wo es sein kleines Nest gut versteckt am Boden baut. **Wissenswertes** Eher ungewöhnlich für einen Hühnervogel ist die Wachtel ausgesprochen reiselustig. Sie zählt sogar zu den Langstreckenziehern: Den Winter verbringen viele Vögel in Afrika und kehren erst im Mai zu uns zurück. Doch etliche sterben auf der Reise durch die von anhaltender Dürre betroffene Sahelzone.

Der Tipp für unterwegs

Sehr kleines, scheues Huhn, das man eher hört als sieht: Sein „Pick-wer-wick" wiederholt es meist vier- bis siebenmal, es wird im Volksmund als „Wachtelschlag" bezeichnet und ist noch mehrere Hundert Meter weit zu hören.

1

2a 2b

3

1 Weißstorch

Ciconia ciconia

Merkmale Weiß und schwarz mit langen, roten Beinen, langem Hals und langem, rotem Schnabel. Fliegt mit brettartig ausgebreiteten Flügeln, die von unten kontrastreich schwarz-weiß sind. **Lebensweise** Kulturfolger, der feuchte, offene Wiesen zur Nahrungssuche braucht. Frisst nicht nur Frösche, sondern auch Regenwürmer, Heuschrecken, Mäuse und Eidechsen. **Wissenswertes** Unsere intensiv bewirtschafteten, trocken gelegten Wiesen geben heute einfach nicht mehr genügend Nahrung her.

bekannt  **März–Sept**

Der Tipp für unterwegs

Der beliebte Weißstorch hat einen scheuen und seltenen Verwandten: Der dunkle Schwarzstorch (S. 112) ist ein Brutvogel ungestörter Wälder, wo er sein mächtiges Nest hoch oben in Baumkronen baut.

2 Kornweihe

Circus cyaneus

Merkmale Eleganter Greifvogel mit schlanken Flügeln. Männchen (**2a**) hellgrau mit schwarzen Flügelspitzen und typischem, weißem Bürzel (vgl. Wiesenweihe, s. u.), Weibchen (**2b**) braun marmoriert mit weißem Bürzel. **Lebensweise** Bodenbrüter in Moor- und Heidegebieten und in Küstendünen. Weicht mit der zunehmenden Zerstörung dieser Lebensräume auf junge Fichtenforste und Getreidefelder aus, wo der Bruterfolg aber oft schlecht ist. **Wissenswertes** Viele Brutpopulationen sind bei uns erloschen, so kommt die Kornweihe in Mitteleuropa nur noch inselartig vor.

  Jan–Dez

Der Tipp für unterwegs

In Mitteleuropa hauptsächlich als Wintergast zu beobachten und dann nicht zu verwechseln, weil die bei uns brütenden Wiesen- und Rohrweihen im Winter nicht bei uns sind.

3 Wiesenweihe

Circus pygargus

Merkmale Kleiner, schlanker und eleganter als ein Mäusebussard. Männchen (**3a**) hellgrau mit schwarzen Flügelspitzen (vgl. Kornweihe, s. o.) und schwarzem Flügelstreif, Weibchen (**3b**) braun marmoriert mit weißem Bürzelfleck. **Lebensweise** Bodenbrütender Greifvogel in feuchten und trockenen, offenen Landschaften. Das können Moore sein oder Schilfröhricht, aber auch Getreideäcker, hauptsächlich Wintergerste. Erbeutet in niedrigem Suchflug Mäuse, aber auch Reptilien und Insekten. **Wissenswertes** Außer in Polen ist die Wiesenweihe in ganz Mitteleuropa stark gefährdet.

 Apr–Sept

Der Tipp für unterwegs

Weihen-typisch sind der lange Schwanz und die langen, schmalen Flügel, die Weihen im gleitenden Segelflug schräg nach oben halten (siehe auch Rohrweihe, → S. 114).

1

2a 2b

3a 3b

1 Rotmilan

Milvus milvus

Merkmale Eleganter Greifvogel mit rostrotem, gegabeltem Schwanz und kontrastreichen Flügeln. Junge Rotmilane können leicht mit dem Schwarzmilan (s. u.) verwechselt werden, bei denen die Schwanzgabel noch nicht so ausgeprägt ist. **Lebensweise** Jagt über offenem Gelände, braucht zum Brüten und Ruhen aber Waldränder oder Feldgehölze. **Wissenswertes** Zwei Drittel des Rotmilan-Weltbestandes brütet in Mitteleuropa; so tragen wir Mitteleuropäer eine besondere Verantwortung zum Erhalt dieses schönen Greifvogels.

 Feb–Okt

Der Tipp für unterwegs

Im Flug fällt sofort der rote Gabelschwanz auf. Zieht im Winter ans Mittelmeer, jedoch überwintern einzelne Rotmilane auch zunehmend bei uns.

2 Schwarzmilan

Milvus migrans

Merkmale Dunkelbraun mit langen Flügeln und schwach eingekerbtem Schwanz (vgl. Rotmilan, s. o.). **Lebensweise** Jagt in offenen Landschaften in Gewässernähe, wo man ihn bei seinen niedrigen Suchflügen beobachten kann. Braucht zum Brüten ältere Laubwälder. In Mitteleuropa sind Schwarzmilane nicht häufig zu sehen. **Wissenswertes** Im Gegensatz zum Rotmilan, der im Winter nur bis nach Frankreich und Spanien zieht, überwintern die mitteleuropäischen Schwarzmilane hauptsächlich in Afrika südlich der Sahara.

  März–Aug

Der Tipp für unterwegs

Da der Schwarzmilan gern Fische erbeutet und zwar auch tote oder kranke, ist er besonders von der Belastung und Vergiftung unserer Gewässer betroffen.

3 Raufußbussard

Buteo lagopus

Merkmale Großer, langflügliger Bussard mit auffallend weißem Schwanz, der eine dunkle Endbinde hat. Ansonsten ist der Raufußbussard, genau wie der Mäusebussard sehr variabel gefärbt. **Lebensweise** Brutvogel des hohen Nordens, bei uns nur Wintergast. Fliegt in offenem Gelände über feuchten Wiesen und Weiden, aber auch über Äckern. **Wissenswertes** Bei dichter Schneedecke erbeutet der Raufußbussard zunehmend auch Vögel, diese machen aber nicht mehr als 11 % seiner Nahrung aus. Auch bereits tote Tiere werden dann gern genommen.

 Okt–Apr

Der Tipp für unterwegs

In Mitteleuropa nur im Winter zu sehen. Sehr ähnlich Mäusebussard (→ S. 56) rüttelt aber viel äufiger und ausdauernder als dieser. Typisch: Der weiße Schwanz mit schwarzer Endbinde.

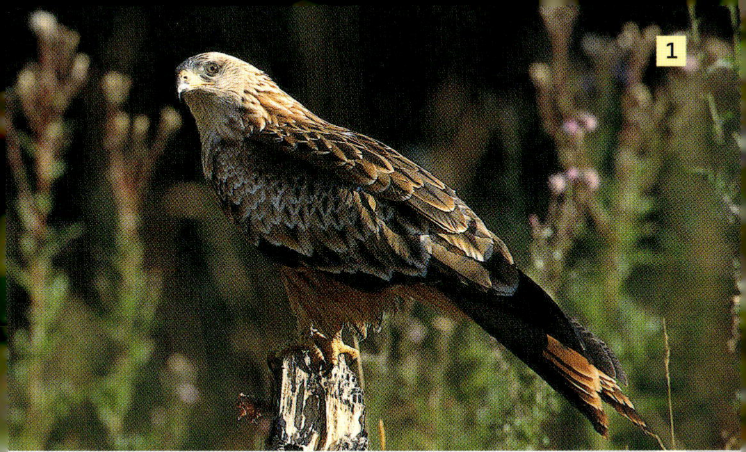
1

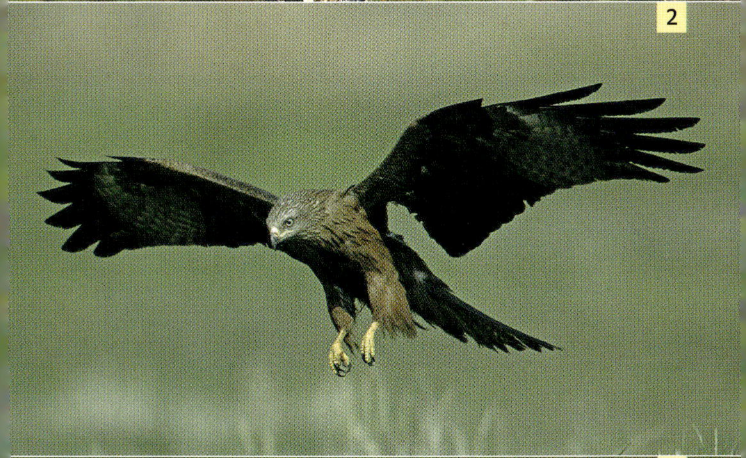
2

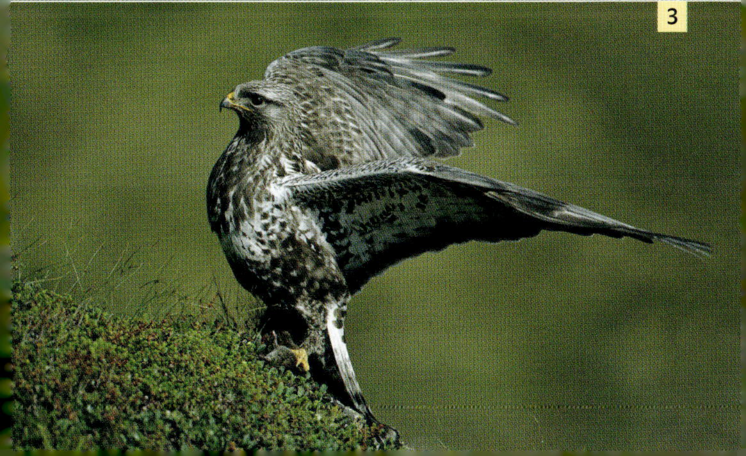
3

1 Mäusebussard
Buteo buteo

bekannt   Jan–Dez

Merkmale Mittelgroßer Greifvogel mit einer Flügel-spannweite von 115–138 cm. Sehr variabel gefärbt, es kommen sogar fast weiße Mäusebussarde vor. Im Winter sollte immer geschaut werden, ob es sich möglicherweise um einen Raufußbussard (s. o.) handelt. **Lebensweise** Fast überall zu beobachten, vom Tiefland bis hoch ins Gebirge und zum Teil sogar mitten in Städten, solange einige Bäume zum Brüten vorhanden sind. Typisch ist die Ansitzjagd auf Feld-mäuse von erhöhten Sitzwarten aus. **Wissenswertes** Alter und Geschlecht spielen bei der Färbung des Mäusebussards keine Rolle, sogar Geschwister aus demselben Wurf können ganz unterschiedlich aussehen.

> **Der Tipp für unterwegs**
> *Unser häufigster Greifvogel, den man oft in kreisendem Segelflug sieht. Typisch sind seine relativ breiten Flügel, der kurze Schwanz und sein miauender Ruf „hii-jäh".*

2 Turmfalke
Falco tinnunculus

   Jan–Dez

Merkmale Zierliche Gestalt, lange, spitze Flügel und der lange Schwanz sind charakteristisch. Rücken rotbraun, Brust cremefarben mit dunklen Tropfenflecken, das Männchen hat einen mausgrauen Kopf. **Lebensweise** Braucht zum Jagen Wiesen und Felder mit niedrigem Bewuchs, brütet an Waldrändern, in Felswänden, auf Telegrafenmasten und auf hohen Gebäuden mitten in Städten. Jagt aus dem Rüttelflug Feldmäuse. **Wissenswertes** Um Energie zu sparen, ändert der Turmfalke im Winter seine Jagdstrategie: Er wartet dann öfter auf erhöhten Aussichtsplätzen, bis er eine Maus erspäht.

> **Der Tipp für unterwegs**
> *Häufiger, kleiner Greifvogel, nicht größer als eine Taube. Kulturfolger in Dörfern und Städten; brütet gern auf Kirchtürmen. Steht rüttelnd in der Luft.*

3 Merlin
Falco columbarius

Sept–Apr

Merkmale Sehr kleiner, dunkler Falke mit spitzen Flügeln und relativ kurzem Schwanz. Männchen oberseits blaugrau, Bauch orange mit feiner Strichelung. Weibchen oberseits graubraun, Bauch weißlich mit braunen Flecken. **Lebensweise** Jagt Kleinvögel, die er in rasanten Verfolgungsmanövern erbeutet. Brütet in nordischen Birken- und Kiefernwäldern. **Wissenswertes** Kann im Winter mit dem Sperber-Männchen (→ S. 10) verwechselt werden.

> **Der Tipp für unterwegs**
> *Zwergfalke, nicht größer als eine Amsel. Bei uns nur im Winterhalbjahr zu beobachten. Jagt pfeilschnell knapp über dem Boden.*

1 Wachtelkönig

Crex crex

 Apr–Sept

Merkmale Wie ein kleines, schmales Rebhuhn (→ S. 50) mit längeren Beinen. **Lebensweise** Brütet auf deckungsreichen, extensiv genutzten Wiesen, wo er sein Bodennest gut versteckt. Seine Nahrung besteht aus Insekten, Pflanzen und Sämereien. **Wissenswertes** Der Wachtelkönig zählt zu den Rallen und ist ein naher Verwandter der überall häufigen Teich- und Blässhühner (→ S. 118). Anders als diese ist er aber ein Langstreckenzieher; er überwintert im tropischen Afrika.

Der Tipp für unterwegs

Lebt scheu und versteckt, verrät sich an lauen Abenden im Mai und Juni durch seine zweisilbigen „crex-crex"-Rufe, die ihm seinen wissenschaftlichen Namen einbrachten.

2 Goldregenpfeifer

Pluvialis apricaria

 Jan–Dez

Merkmale Gold gesprenkelter, recht plump wirkender Wiesenvogel mit langen Beinen. Zur Brutzeit mit schwarzem Bauch. Pfeift weich und melodisch weit hörbar „düh". **Lebensweise** Brutvogel der skandinavischen Tundren und Fjells, bei uns sehr seltener Brutvogel in ausgedehnten Mooren Norddeutschlands. Im Winter häufiger Gast, zur Zugzeit auch im Wattenmeer zu beobachten. **Wissenswertes** Der Goldregenpfeifer war vor der großflächigen Zerstörung unserer Moore ein regelmäßiger Brutvogel in Mitteleuropa.

Der Tipp für unterwegs

Im Winter in dichten Schwärmen auf küstennahen Wiesen und Feldern, als Brutvogel in Mitteleuropa sehr selten. Im Flug fallen die langen, spitzen Flügel auf.

3 Kiebitz

Vanellus vanellus

 Jan–Dez

Merkmale Dunkler Rücken mit Metallglanz, weißer Bauch und schwarze Brust – auch im Flug wirkt der Kiebitz ausgesprochen kontrastreich. Typisch sind seine quäkenden „kiiii-uuiiet"-Rufe. **Lebensweise** Ursprünglich ein Brutvogel feuchter Wiesen muss der Kiebitz zunehmend auf trockengelegtem Grünland und auf Äckern brüten. Seine Nahrung besteht aus Regenwürmern, Insekten und anderen kleinen Bodentieren. **Wissenswertes** Zu häufige Mahden und zu wenig Insekten und Würmer auf zu intensiv genutzten Wiesen lassen unseren einst häufigen Wiesenvogel immer seltener werden.

Der Tipp für unterwegs

Unverwechselbarer, kontrastreicher Wiesenvogel mit langer Federtolle auf dem Kopf. Gaukelnder Flug, wobei die breiten, runden Flügel auffallen.

1 Großer Brachvogel
Numenius arquata

  Jan–Dez

Merkmale So groß wie ein Haushuhn, aber mit längerem Hals, langen Beinen und vor allem sehr auffälligem, bis 17 cm langem Schnabel. Im Flug leuchtet der weiße Bürzel am sonst tarnfarbenen Gefieder. **Lebensweise** Brütet auf Wiesen und in Mooren, seine Nahrung besteht aus Würmern, Insekten und deren Larven und anderem Kleingetier. **Wissenswertes** Seine Brutortstreue und lange Lebensdauer täuschen mancherorts stabile Bestände vor, doch der Bruterfolg des Brachvogels auf intensiv genutzten Wiesen ist heute zum Erhalt der Populationen nicht mehr ausreichend.

Der Tipp für unterwegs

Auffallend großer, aber gut getarnter Wiesenvogel mit langem, abwärts gebogenem Schnabel. Flötet melancholisch „kür-lie".

2 Uferschnepfe
Limosa limosa

 März–Aug

Merkmale Im Sommer mit orangerotem Hals, Brust und Bauch, im Winter sind diese Partien schlicht weißlich gefärbt. Im Flug fallen sommers wie winters die breiten, weißen Flügelbinden und der weiße Bürzel auf. **Lebensweise** Baut das Nest am Boden, wo Eier und Küken oft dem Mäher zum Opfer fallen. Ernährt sich von Regenwürmern, Käfern, Schnecken und Sämereien. **Wissenswertes** Zur Zugzeit und im Winter kann man an der Nordseeküste die ähnliche Pfuhlschnepfe (→ S. 142) beobachten. Im Flug deutlich sichtbar: Sie hat keine weißen Flügelbinden.

Der Tipp für unterwegs

Schreitet durch die Wiese wie ein kleiner, rostfarbener Storch. Wie all unsere Wiesenvögel durch zu häufiges Mähen und durch Trockenlegungen von Feuchtwiesen bedroht.

3 Bekassine
Gallinago gallinago

 Jan–Dez

Merkmale Langer Schnabel und tarnfarbenes, gestreiftes Gefieder. **Lebensweise** Brütet auf Feuchtwiesen, in Mooren und kleineren Sümpfen im Kulturland, wo sie ihr Bodennest im Gras baut. Stochert mit dem pinzettenartigen Schnabel nach kleinen Schnecken, Krebschen, Würmern und Insektenlarven. **Wissenswertes** Die Art leidet nicht nur unter der Zerstörung ihrer Feucht-Lebensräume: Jährlich werden in Europa 1,5 Millionen Bekassinen auf dem Zug und in den Überwinterungsgebieten am Mittelmeer und in Afrika geschossen.

Der Tipp für unterwegs

„Himmelsziege": Aufgescheucht steigt sie im Zickzackflug gen Himmel und produziert dabei mit den Federn ein Fluggeräusch, das entfernt Ähnlichkeit mit einer meckernden Ziege hat.

1 Türkentaube

Streptopelia decaocto

 = 🦜 🔭 Jan–Dez

Merkmale Blass wirkende, beige-rosafarbene Taube. Von Straßentauben (→ S. 174) durch geringere Größe und den recht langen Schwanz zu unterscheiden. **Lebensweise** Lebt in Dörfern und Städten, gern in Tiergärten und auf Geflügelhöfen. Ernährt sich von Früchten, Samen, Blättern und am liebsten von Tierfutter. Baut ihr Reisignest auf Bäumen und Sträuchern, aber auch an Gebäuden. **Wissenswertes** Ursprünglich in Asien beheimatet (Name!), hat die Türkentaube seit den 1930er-Jahren ausgesprochen erfolgreich fast ganz Europa (mit Ausnahme des arktischen Nordens) besiedelt.

> **Der Tipp für unterwegs**
>
> *Ruft dreisilbig „Hu-huh-hu" (vgl. Ringeltaube → S. 12) mit Betonung auf der mittleren Silbe. Bei der Landung hört man ihr typisches „chwääh".*

2 Turteltaube

Streptopelia turtur

 ‹ 🦜 🔭 Apr–Sept

Merkmale Kleinste europäische Taube. Typisch: An den Halsseiten hat sie jeweils mehrere, feine, schwarze Streifen untereinander. **Lebensweise** Bewohnt abwechslungsreiches, offenes und lichtes Kulturland, gern in Weinbaugebieten. Baut ihr flaches Reisignest auf Sträuchern, Bäumen oder an Felsen. Ernährt sich rein vegetarisch von Samen und Früchten, trinkt gern und viel. **Wissenswertes** Unsere einzige Taube, die im Winter fortzieht und das bis südlich der Sahara. Dabei werden auf dem Zug jedes Jahr extrem viele Turteltauben geschossen, hauptsächlich in Senegal und in Frankreich.

> **Der Tipp für unterwegs**
>
> *Seltene, nur amselgroße Taube mit braun-schwarz kariertem Farbmuster. Im Flug fällt die schmale, weiße End-binde am Schwanz auf. Gurrt „Turr- turr-turr".*

3 Kuckuck

Cuculus canorus

 › 🦜 🔭 Apr–Sept

Merkmale Wie ein kleiner Greifvogel, doch mit feinem Schnabel. Der Kuckuck kommt in zwei Farbvarianten vor: Es gibt graue und rotbraune Kuckucke. **Lebensweise** Kommt im April aus Afrika zu uns zurück und sucht u. a. in feuchten Wiesen nach geeigneten Nestern, in die er seine Eier legen kann. Der Kuckuck baut selber kein Nest und brütet auch nicht selbst. **Wissenswertes** Die Vögel, denen der Kuckuck seine Eier unterschiebt, sind fast immer sehr viel kleiner als der Kuckuck. Frisch geschlüpft wirft das Kuckuck-Küken seine Stiefgeschwister hinaus.

> **Der Tipp für unterwegs**
>
> *Jeder hat sein „Kuckuck! Kuckuck!" wohl schon gehört, man sieht ihn dabei aber nicht so oft. Wird oft für einen Sperber gehalten (→ S. 10)*

1 Schleiereule

Tyto alba

  Jan–Dez

Merkmale Sehr helle Eule, goldbraun und weiß gefärbt. Flug gespenstisch lautlos. Ruft kreischend „chrüü". **Lebensweise** Jagt über ortsnahen Wiesen und Feldern nach Feldmäusen. In strengen Wintern verhungert sie, wenn sie nicht Zugang zu Scheunen hat, in denen sie Mäuse findet. **Wissenswertes** Ursprünglich brütet die Schleiereule in Fels- oder Baumhöhlen, was in Südeuropa und in England und Schottland auch der Fall ist. In Mitteleuropa hingegen schloss sich die schöne Eule eng dem Menschen an.

Der Tipp für unterwegs
Auffälliger, herzförmiger Gesichtsschleier (Name!). Kulturfolger, der in Kirchen und Scheunen brütet.

2 Steinkauz

Athene noctua

  Jan–Dez

Merkmale Kleine Eule, nicht größer als eine Amsel (vergleiche Raufußkauz → S. 14) mit großen gelben Augen, weißen Augenbrauen und weiß getupftem Gefieder. **Lebensweise** Bewohnt bei uns in Mitteleuropa Dorfrandbereiche mit höhlenreichen, extensiv genutzten Streuobstwiesen und beweidetes Grünland mit Kopfweiden. Erbeutet Insekten wie Nachtfalter und Laufkäfer, Regenwürmer und Feldmäuse. **Wissenswertes** Den Namen „Steinkauz" trägt er, weil er seit vielen Jahrhunderten auch menschliche Gebäude wie Viehställe, kleine Kirchen oder Ruinen zum Brüten nutzt. Durch Hilfsprogramme versucht man heute die schrumpfenden Bestände zu retten.

Der Tipp für unterwegs
Bekannteste, kleine Eule. Wenig scheu und auch häufig tagsüber auf Sitzwarten zu beobachten. Durch Lebensraumverlust heute stark bedroht.

3 Sumpfohreule

Asio flammeus

  Jan–Dez

Merkmale Schilfgelbe Eule mit dunkelbraunen Flecken. Typisch ist ihr helles Gesicht mit leuchtend gelben Augen. **Lebensweise** Bewohnt weite, baumfreie Feuchtgebiete und Steppen wie Moore, Dünen und Sümpfe (Name!), wo sie ihr Nest am Boden baut. Erbeutet Feldmäuse; nur wenn diese knapp werden, steigt sie auf Vogelnahrung um. **Wissenswertes** Durch die Zerstörung ihrer Lebensräume ist die Art europaweit in ihrem Bestand gefährdet. Brütet in Mitteleuropa vor allem auf den ost- und westfriesischen Inseln.

Der Tipp für unterwegs
Auch tagsüber zu beobachten. Im Flug fallen die hellen Unterseiten der Flügel, der massige Kopf sowie die schräg nach oben gehaltenen Flügel auf.

1 Ziegenmelker, Nachtschwalbe

Caprimulgus europaeus

 Apr–Sept

Merkmale Rindenfarben mit kurzen Beinen und feinem Schnabel. **Lebensweise** Heimlicher, nacht-aktiver Vogel in Heidegebieten und in lichten Kiefernwäldern, nirgends häufig. Bei uns auch auf Truppenübungsplätzen. Baut kein Nest, legt seine Eier einfach in eine Bodenmulde. **Wissenswertes** Ende Mai hört man die Ziegenmelker-Männchen in der Abenddämmerung balzen: Bis zu neun Minuten lang erklingt dann ihr eintöniges Schnurren. Beim Auffliegen klatschen sie mit den Flügeln.

Der Tipp für unterwegs

Melkt keine Ziegen! Früher glaubte man das vielleicht, weil er gern abends in der Nähe vom Weidevieh fliegt. Doch da erbeutet er nur nachtaktive Insekten.

2 Bienenfresser

Merops apiaster

 Mai–Sept

Merkmale Unverwechselbar leuchtend türkis, gelb und rotbraun mit langem, gebogenem Schnabel. **Lebensweise** Wärmeliebende Art, die hauptsächlich im Mittelmeerraum zuhause ist. Erbeutet stechende Insekten wie Bienen, Wespen und Hummeln. Brütet in langen Höhlen in lehmigen Steilhängen. **Wissenswertes** Der Bienenfresser zählt zu den Arten, die von der Klimaerwärmung profitieren: So erweitert der schöne Vogel sein Brutgebiet zusehends in Richtung Norden und wurde sogar schon in Dänemark nachgewiesen.

Der Tipp für unterwegs

Atemberaubend bunt und schön, mutet tropisch an. Gesellig, sitzt gern zu mehreren auf Leitungsdrähten. Ruft rollend „prüüt".

3 Wiedehopf

Upupa epops

 Apr–Sept

Merkmale Unverwechselbar mit seiner zebraartigen Streifung, dem rostbraunen Vorderkörper und seinem langen Schnabel. **Lebensweise** Bewohnt warme, halboffene Landschaften mit Baumhöhlen, in denen er brütet. Läuft kopfnickend in schütterer Vegetation umher und pickt nach Grillen, Heuschrecken, Ameisen und anderen Kleintieren. Ab August beginnt der Wegzug in die Wintergebiete – nach Indien, Afrika und Südspanien **Wissenswertes** Ursprünglich auch bei uns verbreiteter Brutvogel, heute durch den Rückgang der Insektennahrung und das Entfernen von Altholz (Bruthöhlen) selten und in vielen Gebieten ganz fehlend.

Der Tipp für unterwegs

Ruft weit hörbar „hup-hup-hup". Typisch: Seine Federhaube, die er beim Landen aufstellt. Fliegt flatterhaft-schmetterlingsartig.

1 Neuntöter
Lanius collurio

 Mai–Okt

Merkmale Sein rotbrauner Rücken und der graue Kopf mit schwarzer Augenmaske machen das Männchen unverwechselbar, Weibchen viel schlichter. **Lebensweise** Bewohnt heckenreiche Wiesenlandschaften, in denen auf Dünger und Gifte verzichtet wird. Denn der Neuntöter ernährt sich von Käfern, Heuschrecken, Grillen und anderen Insekten, die hier vorkommen. Im Schutz dichter Dornenbüsche baut er sein recht großes, doch gut verstecktes Nest. **Wissenswertes** Den Namen „Neuntöter" bekam er, weil er angeblich erst neun Tiere aufspießt, bevor er eines frisst. Das stimmt aber nicht.

Der Tipp für unterwegs

Mit Banditenmaske in dornigen Hecken, wo er seine Beutevorräte aufspießt. Ruft breit „drääääät". Zeigerart für intakte Landschaft.

2 Raubwürger
Lanius excubitor

  Jan–Dez

Merkmale Kontrastreich grau, schwarz und weiß mit schwarzer Räubermaske. **Lebensweise** Brütet in ausgedehnten Moor- und Heidegebieten und auch in reich strukturierten Kulturlandschaften wie Streuobstwiesen und Brachen. Erbeutet hier große Insekten, aber auch Frösche, Eidechsen, Mäuse und Singvögel. Besonders in schneereichen Wintern stellen Vögel die Hauptnahrung. **Wissenswertes** Ursprünglich war der Raubwürger in ganz Mitteleuropa ein regelmäßiger Brutvogel, heute kommt er hier nur noch selten und inselartig vor.

Der Tipp für unterwegs

Sitzt gern exponiert auf Baumwipfeln oder Leitungsdrähten. Startet von hier aus Beuteflüge, rüttelt dabei häufig in der Luft. Ruft „schäkschäk".

3 Elster
Pica pica

 Jan–Dez

Merkmale Schwarz-weiß mit schillernd blauen Flügelfeldern und langem Schwanz, im Flug fallen die runden Flügel auf. Ruft laut „schack-schack-schack". **Lebensweise** Auf Wiesen und Feldern mit Büschen und Einzelbäumen. Das typische runde, locker aus Reisig geflochtene Elsternest kann man im Winter recht häufig finden. **Wissenswertes** Immer wieder wird aus Jägerkreisen gefordert, Elstern wie auch andere Rabenvögel abzuschießen. Tatsächlich rauben diese aber nicht mehr Jungvögel oder Eier als Eichhörnchen, Buntspechte, Eulen und Hauskatzen.

Der Tipp für unterwegs

Elstern sind schlau: So brüten sie zunehmend in Städten, wo kein Jäger ihnen nachstellt und wo sie außerdem ganzjährig reichlich Futter finden.

1 Dohle

Coloeus monedula

 = 🔭 Jan–Dez

Merkmale Niedlich wirkender Krähenvogel mit kurzem Schnabel, grauem Nacken und auffallend hellen Augen. **Lebensweise** In parkartigen Landschaften, wobei er auf offenen Flächen nach Nahrung sucht. Das sind im Sommer hauptsächlich Insekten und andere Kleintiere, später im Jahr dann Beeren, Getreide, Eier, Mäuse und Jungvögel sowie Haushaltsabfälle. **Wissenswertes** Im Winter oft in Schwärmen zusammen mit Saat- und Rabenkrähen. Dohlen erkennt man darin leicht an ihren hellen „kja"-Rufen, die keine Ähnlichkeit mit dem Krächzen der Krähen haben.

Der Tipp für unterwegs

Brütet häufig in Städten in der Nähe von Tauben. Da Dohlen auch Taubenfutter fressen, werden sie bei der Bekämpfung der Taubenplage häufig aus Versehen mit vergiftet.

2 Rabenkrähe

Corvus corone

 > 🔭 Jan–Dez

Merkmale Schwarzer Krähenvogel (mit „Rabe" ist meist der Kolkrabe gemeint → S. 22) mit schwarzem Schnabel (vgl. Saatkrähe, s. u.). **Lebensweise** Im Gegensatz zur geselligen Saatkrähe brüten Rabenkrähen einzeln. Ursprünglich Brutvogel in Feldgehölzen, wegen Verfolgung durch den Menschen zunehmend auch in Städten. **Wissenswertes** Im Norden und Osten Mitteleuropas wird die Rabenkrähe von der Nebelkrähe abgelöst. Sie ist leicht an ihrem silbergrauen Rücken- und Bauchgefieder zu erkennen.

Der Tipp für unterwegs

Obwohl es bis heute keine Belege dafür gibt, dass Rabenkrähen negativen Einfluss auf den Bestand von Kleinvögeln oder Säugetieren haben, werden sie noch immer geschossen.

3 Saatkrähe

Corvus frugilegus

 > 🔭 Jan–Dez

Merkmale Schwarzer Krähenvogel mit unbefiederter Schnabelwurzel, weshalb der Schnabel insgesamt hell wirkt. Jungvögel haben noch eine befiederte Schnabelwurzel, so können sie leicht mit der Rabenkrähe (s. o.) verwechselt werden. **Lebensweise** In offenem Kulturland mit Bäumen, auf denen viele Saatkrähen dicht an dicht nebeneinander ihre Reisignester bauen und brüten. **Wissenswertes** Im Winter kann man bei uns große Saatkrähen-Schwärme beobachten. Das sind nicht alles heimische Saatkrähen, sondern Wintergäste aus nordöstlichen Brutgebieten.

Der Tipp für unterwegs

Brütet im Gegensatz zur Rabenkrähe (s. o.) in Kolonien; wegen Verfolgung durch Jäger findet man diese zunehmend in Städten.

1 Haubenlerche

Galerida cristata

 Jan–Dez

Merkmale Plump wirkende Lerche mit Federhaube und kurzem Schwanz. Im Flug gut zu sehen: Die rostbraunen Schwanzaußenkanten, die rostroten Achseln und die breiten Flügel. **Lebensweise** Brutvogel auf Ödland mit spärlichem Bewuchs, auf Bahndämmen und an Stadträndern. Brütet in einer Bodenmulde. Ist auf abwechslungsreiche Insekten- und Sämereienkost angewiesen. **Wissenswertes** Die Haubenlerche zeigt fast überall in Mitteleuropa starke Bestandseinbußen. Grund dafür sind Nahrungsmangel und weiter zunehmender Lebensraumverlust.

Der Tipp für unterwegs

Stellt oft ihre Federhaube auf und flötet „didji-djii". Abwechslungsreicher Gesang, wobei sie viele andere Vogelstimmen imitiert.

2 Heidelerche

Lullula arborea

 März–Okt

Merkmale Von anderen Lerchen durch weiße Augenstreifen, ihren lebhaft gestreiften Rücken und den kurzen Schwanz zu unterscheiden. **Lebensweise** Brutvogel auf sandig-warmen Böden mit schütterer Vegetation und erhöhten Sing- und Beobachtungswarten. Baut ihr Bodennest gut versteckt zwischen vorjährigen Grasbüscheln. **Wissenswertes** Ihr Gesang ist wohlklingend und unverwechselbar melancholisch: „tiu-tiu-tiu…dije-dije-dije… lülülülülü…" Gegen Ende wird er immer schneller und lauter und fällt in der Tonhöhe ab.

Der Tipp für unterwegs

Wirkt im Flug durch breite Flügel und kurzen Schwanz fledermausartig. Steigt meist von einer Baumspitze spiralförmig zum Singflug auf. Jodelt „didlüi". Selten geworden.

3 Feldlerche

Alauda arvensis

 Feb–Okt

Merkmale Von Haubenlerche und Heidelerche (s.o.) durch langen Schwanz und den anhaltenden, trillernden Gesang zu unterscheiden. **Lebensweise** Wie all unsere Lerchen ursprünglich ein Brutvogel der Steppen. Bei uns hat sich die Feldlerche Äcker und Wiesen als Lebensraum erobert, hat hier aber heute stark unter der Intensivierung der Landwirtschaft zu leiden. **Wissenswertes** Feldlerchen fallen im Frühjahr oft auf kahl daliegende Wiesen und Felder herein. Durch hohe Düngegaben wächst hier in rasender Geschwindigkeit Gras oder Mais – und die Lerchenküken verhungern.

Der Tipp für unterwegs

Ehemals extrem häufige Lerche, doch mittlerweile gilt auch sie in Mitteleuropa als gefährdete Art. Typisch: Ihre langen Flügel und der lange Schwanz.

1

2

3

1 Rauchschwalbe
Hirundo rustica

  Apr–Okt

Merkmale Durch lange Schwanzspieße und Rot an Hals und im Gesicht kaum mit Mehlschwalbe (s. u.) und Uferschwalbe (→ S. 124) zu verwechseln. **Lebensweise** Jagt Insekten in rasantem Flug; bei schlechtem Wetter über Gewässern. Braucht Lehm zum Nestbau; brütet oft in Kolonien. **Wissenswertes** Schon im Spätsommer sieht man Schwalben oft in großen Schwärmen auf Leitungsdrähten sitzen. Hier sammeln sich die Familien, bilden nachts Schlafgemeinschaften im Schilf, um dann später gemeinsam in ihre afrikanischen Winterquartiere aufzubrechen.

Der Tipp für unterwegs

Lange Schwanzspieße, Kehle und Stirn rötlich. Unsere häufigste Schwalbe; klebt ihre Lehmnester meist ins Innere von Ställen und Scheunen.

2 Mehlschwalbe
Delichon urbicum

  Apr–Okt

Merkmale Die reinweiße Unterseite, der kurze Schwanz und der im Flug deutlich sichtbare weiße Bürzel charakterisieren die Mehlschwalbe. Die ähnliche Uferschwalbe (→ S. 124) hat keinen weißen Bürzel, dafür aber ein braunes Brustband. **Lebensweise** Brutvogel in Dörfern und Städten, gern in Gewässernähe. Erbeutet Mücken, Fliegen, Blattläuse und Wasserinsekten wie Eintags- und Steinfliegen im Flug. **Wissenswertes** In den Alpen und im Mittelmeerraum brütet die Mehlschwalbe noch oft an Felswänden, unsere Häuser dienen als Ersatzfelsen.

Der Tipp für unterwegs

Baut napfförmige Lehmnester an Außenwänden von Gebäuden. Kehrt meist später zurück als die Rauchschwalbe. Ruft „tschirr".

3 Feldschwirl
Locustella naevia

  Apr–Sept

Merkmale Unscheinbar bräunlich mit dunklen Flecken, im Flug fällt der gerundete Schwanz auf. Zur Bestimmung dient aber vielmehr sein lang anhaltender, sirrender Gesang, den man im Mai und Juni sehr häufig hört. Typisch: Weil er beim Singen seinen Kopf dreht und wendet, schwillt der Gesang auf und ab. **Lebensweise** Brütet in offenen Landschaften, wo die Vegetation mindestens 20 bis 30 cm hoch ist. Hier baut er sein Nest gut versteckt in Bodennähe. **Wissenswertes** Langstreckenzieher, der südlich der Sahara im tropischen Afrika überwintert.

Der Tipp für unterwegs

„Heuschreckenschwirl": Sein Gesang „tsirrrrrrrrrrrr..." ähnelt eher dem gleichmäßigen Sirren einer Heuschrecke als einem Vogelgesang. Kaum je zu sehen.

1 Sumpfrohrsänger

Acrocephalus palustris

= 🔭 Mai–Sept

Merkmale Olivbraun ohne Streifen, Unterseite creme-weiß. Typisch ist sein abwechslungsreicher, schwatzender Gesang, wobei er viele andere Vogelstimmen imitiert. **Lebensweise** Bewohnt feuchte Hochstaudenfluren mit einzelnen Büschen. Nicht an Schilf gebunden wie der ähnliche Teichrohrsänger. Verflechtet sein Nest an mehreren Krautstängeln. **Wissenswertes** Nur 55 Tage verbringt der Sumpfrohrsänger durchschnittlich bei uns im Brutgebiet. Schon im Juli machen sich die ersten Vögel wieder auf den Weg zurück ins afrikanische Winterquartier.

Der Tipp für unterwegs

Schlicht olivbraun, singt versteckt aus Brennnessel-Dickichten. Von Teichrohrsänger (→ S. 128) und Gelbspötter (s. u.) durch Gesang und Biotop unterschieden.

2 Gelbspötter

Hippolais icterina

=   Mai–Aug

Merkmale Vom Sumpfrohrsänger (s. o.) durch gelbe Unterseite und typische, langgezogene Elemente im Gesang zu unterscheiden, vom äußerlich sehr ähnlichen Orpheusspötter (s. u.) durch weniger abwechslungsreichen Gesang. **Lebensweise** Brütet in Feldgehölzen und auch gern in Randlagen von Ortschaften mit Einzelbäumen und -büschen. Singt aus dichtem Blattwerk schon vor Sonnenaufgang. Jagt Insekten und Spinnen. Baut sein Nest hoch oben in Sträuchern und Bäumen. **Wissenswertes** Die gelbe Unterseite verblasst im Laufe des Sommers, was die Bestimmung dann erschwert.

Der Tipp für unterwegs

Grünlichgelb mit laut schwatzendem Gesang, der meist aus Baumkronen vorgetragen wird. Typisch: die langen, auf- und absteigenden Pfeiftöne.

3 Orpheusspötter

Hippolais polyglotta

= 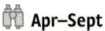 Apr–Sept

Merkmale Oberseite grauoliv, Unterseite gelb. Rascher Plaudergesang mit zahlreichen Imitationen anderer Vogelstimmen. **Lebensweise** Brütet in dichtem Gebüsch und Feldgehölzen in sonnigen Lagen. Singt im Gegensatz zum Gelbspötter auch frei von Warten. **Wissenswertes** Ursprünglich waren Orpheus- und Gelbspötter geografisch voneinander getrennt. Der Orpheusspötter ist im Südwesten Europas zuhause, der Gelbspötter im Nordosten. Der Orpheusspötter breitet sich aber nach Norden und Osten aus und hat bereits Südwest-Deutschland erreicht.

Der Tipp für unterwegs

Wenig häufig und nur lokal verbreitet. Von der Zwillingsart Gelbspötter (s. o.) durch besiedeltes Areal und den abwechslungsreicheren Gesang unterschieden.

1 Klappergrasmücke
Sylvia curruca

  Apr–Aug

Merkmale Kleine, graubraune Grasmücke mit rein-weißer Kehle, die besonders beim Singen auffällt. Von der ähnlichen Dorngrasmücke (s. u.) am leichtesten durch den typischen, einfachen Gesang zu unterscheiden. **Lebensweise** Brütet in Feldgehölzen, Hecken, Parks und Gärten mit dichtem Gebüsch. Pickt Blattläuse von den Blättern. **Wissenswertes** Klappergrasmücken sind Langstreckenzieher, die deshalb schon im Spätsommer ihre Brutgebiete wieder verlassen. Vereinzelte Nachzügler trifft man aber noch bis Anfang Oktober bei uns an.

Der Tipp für unterwegs

Klappernder Gesang aus dichtem Gebüsch, selbst inmitten von Städten. Singt auch von Busch-spitzen aus.

2 Dorngrasmücke
Sylvia communis

  Apr–Sept

Merkmale Rostbrauner Rücken und helle Unterseite. Das Männchen mit deutlich grauem Kopf. Männchen steigt im Singflug auf und lässt sich dann stumm ins Gebüsch zurückfallen. **Lebensweise** Brütet in halboffenen Landschaften mit Dornengebüsch. Nest nah am Boden in dornigen Sträuchern. **Wissenswertes** Dramatische Bestandseinbußen gab es in den 1960er-Jahren als Folge der Dürrejahre in Afrika und dem gleichzeitigen Lebensraumverlust bei uns durch die Intensivierung der Landwirtschaft. Bestände konnten sich durch Extensivierungsmaß-nahmen gebietsweise wieder erholen.

Der Tipp für unterwegs

Typische, kratzige Strophe: „Duu – Wanderer-wo-gehst-Du hin? – Ich-geh-zurück-nach-Holland! – Wäd-wäd-wäd". Auch häufig Singflüge zu beobachten.

3 Gartengrasmücke
Sylvia borin

  Mai–Sept

Merkmale Unscheinbar bräunlich, aber mit schönem, melodiösem Gesang ähnlich Mönchsgrasmücke (→ S. 28). Gesang aber länger anhaltend, gleichmäßiger, und es fehlt der „Überschlag" mit reinen Flötentönen der Mönchsgrasmücke. **Lebensweise** In Feldgehölzen, Hecken, Parks, Friedhöfen; eher seltener in Gärten. Hält sich meist in der Deckung auf. Erbeutet kleine Insekten und Spinnen, nach der Brutzeit auch Beeren. **Wissenswertes** Das Männchen baut das recht liederliche, lockere Nest, das Weibchen besorgt die Auspolsterung.

Der Tipp für unterwegs

Häufiger Brutvogel in Gebüschen aller Art, man bekommt sie dennoch nur ausnahms-weise zu Gesicht. Wer den Gesang kennt, wird sie aber vielerorts ent-decken.

1 Blaukehlchen

Luscinia svecica

 = 🐦   🔭 März–Okt

Merkmale Oberseits olivbraun, Brust auffällig leuchtend blau und rot. **Lebensweise** Auf sumpfigen Wiesen, an Gräben und verschilften Gewässerufern. Im Gebirge in Zwergstrauchheiden, in Nordeuropa in sumpfigen Fjells und Tundren. **Wissenswertes** Zwei Formen des Blaukehlchens werden in Europa voneinander unterschieden: Das Weißsternige Blaukehlchen mit seinem weißen Fleck auf der blauen Brust brütet im mitteleuropäischen Tiefland, das Rotsternige Blaukehlchen mit rotem Fleck auf blauer Brust in Skandinavien sowie vereinzelt in den Hochlagen der Alpen und Karpaten.

Der Tipp für unterwegs

Wie ein langbeiniges Rotkehlchen, aber mit leuchtend blauer und roter Brust. Typisch: Der weiße Überaugenstreif und die rostbraune Schwanzwurzel.

2 Braunkehlchen

Saxicola rubetra

 = 🐦   🔭 Apr–Sept

Merkmale Rindenartig gemusterter Rücken, rostrote Kehle und Brust, weißer Überaugenstreif und weiß im Schwanz (vgl. Schwarzkehlchen, s. u. und Steinschmätzer → S. 82). Männchen außerdem mit weißen Flügelfeldern. **Lebensweise** Auf extensiv bewirtschafteten Wiesen und Weiden mit vertikalen Sitzwarten. Braucht reichlich Insektennahrung und Spinnen, im Spätsommer auch Beeren. **Wissenswertes** Einst ein häufiger Wiesenvogel ist das Braunkehlchen durch die Übernutzung unserer Wiesen überall stark zurückgegangen.

Der Tipp für unterwegs

Sitzt in aufrechter Haltung auf erhöhten Sitzwarten und zuckt häufig mit den Flügeln. Gesang ratternd, schmatzend, reißend und flötend.

3 Schwarzkehlchen

Saxicola rubicola

 = 🐦   🔭 März–Okt

Merkmale Männchen unverkennbar mit schwarzem Kopf, schwarzer Kehle und rostbrauner Brust. Im Unterschied zum Braunkehlchen (s. o.) ohne weiße Felder auf Flügeln und Schwanz. Weibchen schlicht marmoriert, kann mit Braunkehlchen (s. o.) verwechselt werden. **Lebensweise** Schwarzkehlchen brauchen „unaufgeräumte" Landschaften wie Heiden, Moore und schonend genutzte Wiesen. Hier finden sie gute Verstecke zum Brüten und viele Insekten und Spinnen, um ihre Jungen großzuziehen. **Wissenswertes** Wo das Schwarzkehlchen brütet, ist die Wiese noch in Ordnung.

Der Tipp für unterwegs

Sitzt aufrecht auf freistehenden Warten und warnt hart „tak-tak!" Zuckt dabei häufig mit Flügeln und Schwanz.

1 Steinschmätzer

Oenanthe oenanthe

  Apr–Okt

Merkmale Etwa spatzengroßer, hochbeiniger Vogel, der häufig aufrecht sitzt und dabei lang und schlank wirkt. **Lebensweise** Bodenbrüter, der sein Nest in kleinen Höhlungen unter Steinblöcken versteckt. Rennt oft kurze Strecken, um Insekten zu erbeuten und fliegt dicht über dem Boden. **Wissenswertes** Während die Bestände in den Hochlagen der Alpen über Jahrzehnte hinweg stabil sind und höchstens kurzfristig durch Kältewinter einbrechen, beobachtet man im Kulturland der Niederungen langfristige, auffällige Abnahmen der Steinschmätzer.

Der Tipp für unterwegs

In kargen, offenen Lebensräumen sowohl im Flachland als auch in den Bergen. Sitzt auf erhöhten Steinen und knickst. Im Flug leuchtet der schwarz-weiße Schwanz auf.

2 Feldsperling, Feldspatz

Passer montanus

  Jan–Dez

Merkmale Kräftiger Kleinvogel mit schlicht rindenfarbigem Gefieder, Geschlechter gleich gefärbt (vgl. Haussperling, s. u.). **Lebensweise** Bewohnt offene Kulturlandschaften mit Hecken und Feldgehölzen; auch in Siedlungsnähe. Brütet in Höhlen, gern auch in Nistkästen, die er sich schon früh im Jahr sichert. **Wissenswertes** Feldsperlinge sind weniger häufig als Haussperlinge und haben sich auch dem Menschen nicht so eng angeschlossen. In Mitteleuropa regional starker Rückgang durch intensive Landwirtschaft, wobei Flächenstilllegungs-Programme erste Erfolge zeigen.

Der Tipp für unterwegs

Vom Haussperling durch braune Kopfkappe und weiße Wangen mit schwarzem Fleck zu unterscheiden. Außerdem ist der schwarze Kehllatz beim Feldsperling nur klein.

3 Haussperling, Hausspatz

Passer domesticus

  Jan–Dez

Merkmale Schlicht graubraun; Männchen mit grauer Kopfplatte, schwarzem Augenstreif und breitem, schwarzem Kehllatz kontrastreicher als das Weibchen. **Lebensweise** Kulturfolger an Einzelgehöften, in Dörfern und Städten. Hauptsächlich da, wo Kleintiere oder Pferde gehalten werden; häufig in Zoos und Tierparks. **Wissenswertes** Ernährt sich wie alle Sperlinge hauptsächlich von Getreide und wild wachsenden Sämereien, zur Jungenaufzucht sind sie aber alle auf eiweißreiche Tiernahrung in Form von Raupen, Heuschrecken oder Spinnen angewiesen.

Der Tipp für unterwegs

Immer in Schwärmen; auch die Nester stehen dicht zusammen in kleinen Kolonien. Nimmt gern Staubbäder in kleinen Sandkuhlen.

1 Brachpieper
Anthus campestris

 Apr–Sept

Merkmale Gestalt ähnlich wie eine Stelze: Schlank und relativ hochbeinig mit langem Schwanz. Kennzeichnend ist das helle, sandfarbene Gefieder ohne Strichelung (außer bei den Jungvögeln). **Lebensweise** Bodenbrüter in kargen, ungestörten Landschaften wie Heiden, Dünen und Brachflächen. **Wissenswertes** Der Brachpieper ist bei uns überall selten geworden. Erschließung oder Überdüngung haben viele seiner Brutplätze zerstört, und durch Biozideinsatz findet er nicht mehr genug Insekten.

> **Der Tipp für unterwegs**
> *Startet vom Boden zu bogenförmigen Singflügen; dabei wiederholt er sein „tschirluih" in Abständen von 2–3 Sekunden und stürzt wieder steil zu Boden.*

2 Baumpieper
Anthus trivialis

 Apr–Okt

Merkmale Schlanker, rindenfarbig gestrichelter Kleinvogel. Zwillingsart zum Wiesenpieper (s. u.), von diesem hauptsächlich durch Verhalten und Gesang zu unterscheiden. **Lebensweise** Bewohnt offene Landschaften mit einzeln stehenden Bäumen und Sträuchern als Singwarten. Baumlose Wiesen meidet er ebenso wie geschlossene Wälder. Der feine Schnabel verrät den Insektenfresser. Sein Nest baut er gut versteckt am Boden unter Grasbüscheln oder kleinen Sträuchern. **Wissenswertes** Bei uns findet der Insektenfresser im Winter keine Nahrung. So verbringt er den Winter im Savannengürtel Afrikas.

> **Der Tipp für unterwegs**
> *Startet von hoher Sitzwarte aus zu seinen Singflügen. Sehr auffällig sind die herabgezogenen „zia zija zija"-Strophen im Herabgleiten mit ausgebreiteten Flügeln und gespreiztem Schwanzfächer.*

3 Wiesenpieper
Anthus pratensis

 März–Nov

Merkmale Schlicht bräunlicher Kleinvogel mit kräftigen Streifen und feinem Schnabel. **Lebensweise** Bodenvogel in Heiden, Dünen, Mooren und auf Feuchtwiesen, wo man ihn nur schwer ausmachen kann; auffällig sind aber die Singflüge. Bodenbrüter, der gelegentlich auf Sträuchern oder Zaunpfählen sitzt; im Gegensatz zum Baumpieper aber nicht in Baumkronen höherer Bäume. **Wissenswertes** Zieht im Gegensatz zum Baumpieper im Winter nur bis zum Mittelmeerraum. Es gibt aber auch Überwinterungsversuche von Wiesenpiepern bei uns in Mitteleuropa.

> **Der Tipp für unterwegs**
> *Startet im Gegensatz zum Baumpieper (s. o.) meist vom Boden aus zu seinen Singflügen. Gesang dünner, feiner und monotoner als beim Baumpieper.*

1 Wiesenschafstelze

Motacilla flava

  Apr–Okt

Merkmale Gelbe Unterseite, langer Schwanz und olivgrüner Rücken. Die mitteleuropäische Unterart *Motacilla flava „flava"* hat einen grauen Oberkopf mit hellem Überaugenstreif. **Lebensweise** Brutvogel auf feuchten Wiesen, Brachflächen und zunehmend auch auf Äckern. **Wissenswertes** In Europa gibt es mindestens sieben verschiedene Unterarten der Wiesenschafstelze. Sie unterscheiden sich hauptsächlich in der Färbung des Kopfes. So fehlt manchen der helle Überaugenstreif und die Unterart *Motacilla flava „feldegg"* („Maskenstelze") hat schließlich einen komplett schwarzen Oberkopf.

Der Tipp für unterwegs

Wie eine Bachstelze in Gelb. Oft in der Nähe von Weidevieh, wo sie die aufgescheuchten Insekten erbeutet.

2 Girlitz

Serinus serinus

  Apr–Nov

Merkmale Kleiner Fink mit kurzem Kegelschnabel, kräftiger Streifung und leuchtend gelbem Bürzel. **Lebensweise** Bewohnt offenes Gelände mit einzelnen Laubbäumen, gern in Parks, Obstgärten und Weinbergen. Baut sein Nest gut versteckt in Baumkronen. **Wissenswertes** Ursprünglich mediterran verbreitete Art, die sich mit zunehmender Klimaerwärmung Richtung Norden und Osten ausgebreitet hat. Doch seit den 1970er-Jahren sind die Bestände aufgrund von Lebensraumverlusten vielerorts wieder stark rückläufig.

Der Tipp für unterwegs

Trotz gelber Färbung oft übersehen. Macht sich am ehesten durch seinen Gesang bemerkbar, der klingt wie das Quietschen eines ungeölten Rades.

3 Stieglitz, Distelfink

Carduelis carduelis

  **März–Nov**

Merkmale Unverwechselbar bunter Fink mit roter Maske. **Lebensweise** In halboffenen Landschaften mit abwechslungsreichen Strukturen und reichlich samentragenden Wiesen. Stieglitze ernähren sich fast ausschließlich von Samen, insgesamt sind, je nach Jahreszeit Samen von insgesamt 152 verschiedenen Pflanzen nachgewiesen worden. **Wissenswertes** Da Stieglitze in der Lage sind, auf Baumsamen von Birke, Erle oder Kiefer auszuweichen, sind sie von Herbizideinsätzen auf Wiesen weniger betroffen als andere Finken.

Der Tipp für unterwegs

Ruft häufig seinen Namen: „Stiege-litt!". Sehr gesellig, brütet in lockeren Kolonien. Einzelne Stieglitze überwintern auch bei uns.

1 Bluthänfling
Carduelis cannabina

  Jan–Dez

Merkmale Männchen zur Brutzeit mit grauem Kopf, rotem Stirnfleck und roter Brust. Weibchen schlicht bräunlich gestreift. **Lebensweise** Brütet in offenen, trockenen und sonnigen Biotopen mit Sträuchern oder jungen Nadelbäumen. Auch auf Friedhöfen, ökologisch bewirtschafteten Weinbergen, in Parks und Gärten. **Wissenswertes** Der Name „Bluthänfling" bezieht sich auf die zur Brutzeit blutrote Stirn und Brust des Männchens und auf die geringe Größe (ein echter „Hänfling"): Bluthänflinge sind deutlich kleiner als Spatzen.

Der Tipp für unterwegs

Turnen oft zu mehreren auf Stauden herum und picken dabei Samen heraus. Häufig in Wacholderheiden zu beobachten.

2 Grauammer
Emberiza calandra

  Jan–Dez

Merkmale Unscheinbar wie ein Spatz oder eine Lerche und fällt daher am ehesten durch ihren Gesang auf. **Lebensweise** Brutvogel auf extensiv genutzten Wiesen und Äckern mit einzeln stehenden Bäumen, Büschen oder Leitungen als Singwarten. Ernährt sich von Getreide und Wildkräuter-Samen, zur Brutzeit auch von Insekten und Spinnen. **Wissenswertes** Früher ein echter „Allerweltsvogel" ist die Grauammer nach katastrophalen Bestandseinbrüchen durch intensive Landwirtschaft heute nur noch ausnahmsweise zu beobachten.

Der Tipp für unterwegs

Sitzt gern auf exponierten Warten wie Zaunpfählen oder Leitungsdrähten und klirrt wie ein geschütteltes Schlüsselbund.

3 Goldammer
Emberiza citrinella

  Jan–Dez

 Merkmale Männchen (**3a**) mit zitronengelbem Kopf und rotbraunem Bürzel (Bereich oberhalb der Schwanzfedern), Weibchen (**3b**) ähnlich, nur nicht so leuchtend. **Lebensweise** Brütet in abwechslungsreichen Heckenlandschaften mit gutem Angebot an Sämereien und Insekten. Im Winter sieht man Goldammern häufig gesellig in Schwärmen auf Wiesen und Feldern. **Wissenswertes** Die Goldammer-Bestände konnten sich ab Mitte der 1980er-Jahre regional wieder erholen: Neu geschaffene Brachflächen und weitere Maßnahmen zur Erhöhung der Strukturvielfalt unserer Landschaft zeigten hier schnell Erfolge.

Der Tipp für unterwegs

Unsere häufigste Ammer. Unverwechselbarer Gesang, der mittags bei Sonnenschein aus Hecken ertönt: „Ich-ich-ich-ich-hab-Dich-so-liiiiiieeeeeb!"

1 Ortolan

Emberiza hortulana

  Apr–Sept

Merkmale Männchen mit mausgrauem Kopf und Brust, Rücken und Bauchgefieder rotbraun. Von Nahem fallen der rosafarbene Schnabel und der helle Augenring auf. Weibchen schlicht bräunlich gestrichelt. **Lebensweise** Braucht warme, halboffene Landschaften wie Waldränder, Alleen oder Moore, in denen er reichlich Insekten und Sämereien findet. Baut sein Nest am Boden. **Wissenswertes** Im Gegensatz zur nah verwandten Goldammer, die ja auch den Winter bei uns verbringt, ist der Ortolan ein Langstreckenzieher: Er verbringt den Winter in Zentral- und Ostafrika.

Der Tipp für unterwegs

Seltener Brutvogel, doch wo er einen Lebensraum findet, brüten oftmals gleich mehrere Paare. Singt wie eine melancholische Goldammer (→ S. 88) von hoher Warte aus.

2 Zaunammer

Emberiza cirlus

  Jan–Dez

Merkmale Wie eine Goldammer (→ S. 88) mit gestreiftem Gesicht, schwarzer Kehle und olivgrünem (statt rotbraunem) Bürzel. Weibchen schlicht gestrichelt. **Lebensweise** In Mitteleuropa Brutvogel an sonnenexponierten Hängen mit lückig bewachsenen Flächen und einzelnen Bäumen oder Sträuchern, gern in extensiv genutzten Weinbergen. **Wissenswertes** Die Zaunammer ist eine wärmeliebende Art, deren Hauptverbreitungsgebiet im Mittelmeerraum liegt. Hier „vertritt" sie die Goldammer, die lieber weiter nördlich brütet.

Der Tipp für unterwegs

In Mitteleuropa selten, in Deutschland nur im Südwesten. Zu Neuansiedlungen kam es in jüngerer Zeit unter anderem in Bayern, in der Steiermark, in der Schweiz und in Ungarn.

3 Zippammer

Emberiza cia

  Jan–Dez

Merkmale Ähnlich dem Ortolan (s. o.), doch ist der graue Kopf der Zippammer zusätzlich schwarz gestreift und der Bürzel, was im Flug gut zu sehen ist, rostrot. Weibchen etwas schlichter. **Lebensweise** In Mitteleuropa bevorzugt die Zippammer trockene und warme Hänge mit Felsen und lückiger Vegetation, aber auch extensive Kulturlandschaften. Zur Revierabgrenzung benötigt sie einzelne Sträucher. Im Winter gesellig in kleinen Trupps. **Wissenswertes** Ruft häufig „zipp" (→ Name).

Der Tipp für unterwegs

Hauptsächlich mediterran verbreitete Art, in Mitteleuropa derzeit Ausbreitungstendenz in Ungarn, Österreich, in der Tschechei und in Süddeutschland.

Lebensraum Gewässer

Am vogelreichsten sind in der Regel Gewässer mit einer gut ausgebildeten Ufervegetation aus Schilf und Binsen. Hier brüten Rohrsänger, Rallen und viele Enten und Taucher. Zum näheren Beobachten von Enten, Tauchern und Sägern auf dem offenen Wasser sollten Sie ein Fernglas mit einer guten Vergrößerung (mindestens 10-fach) wählen; faszinierend nah sieht man diese Vögel durch ein Spektiv, das auf einem Stativ befestigt wird.

1 Schwarzkopf-Ruderente

Oxyura jamaicensis

  Jan–Dez

Merkmale Männchen im Prachtkleid mit auffallend rotbraunem Körper, schwarzer Kopfkappe, leuchtend weißen Wangen und eigenartig hellblauem Schnabel. Weibchen schlicht braun mit dunkelbrauner Kopfkappe, auffällig sind die weißen Wangen mit braunem Querstreifen. Im Schlichtkleid (Spätsommer bis Winter) sehen die Männchen den Weibchen sehr ähnlich. **Lebensweise** Zur Brutzeit an Seen, Teichen und in Sümpfen, im Winter in küstennahen Brackwasserseen zu beobachten. **Wissenswertes** Gefährdet im Süden Europas die dort heimische Weißkopf-Ruderente durch Bastardisierung.

Der Tipp für unterwegs

Aus Amerika eingeschleppte Art, die sich von Großbritannien ausgehend zunehmend auch auf dem europäischen Festland etabliert.

2 Höckerschwan

Cygnus olor

  Jan–Dez

Merkmale Der rötliche Schnabel mit schwarzem Höcker (Name!) machen ihn unverwechselbar. Typisch sind seine „singenden" Fluggeräusche. Im Winter Verwechslungsgefahr mit überwinternden Sing- und Zwergschwänen (s. u.), die aber gelbschnäblig sind. **Lebensweise** Unser häufigster Schwan. Brütet an Seen, Teichen, Salzwasserlagunen und auf kleinen Inseln der Ostsee. Weidet Wasserpflanzen bis in ca. 1 m Tiefe ab, frisst aber auch Gras und Getreide. **Wissenswertes** Der Höckerschwan gehört mit seinem Gewicht bis zu 15 kg zu den schwersten, flugfähigen Vögeln.

Der Tipp für unterwegs

Viele Höckerschwäne stammen von ausgesetzten Schwänen ab und werden vielerorts über den Winter gefüttert. So zeigen sie Menschen gegenüber wenig Scheu.

3 Singschwan

Cygnus cygnus

  Okt–Apr

Merkmale Wie ein Höckerschwan, aber mit schwarz-gelbem Schnabel ohne Höcker. **Lebensweise** Brutvogel an Sümpfen und Seen der nordischen Tundra. In Mitteleuropa nur im Winter bis ins Frühjahr hinein, hier bieten auf gewässernahen Wiesen und Äckern weidende Singschwäne ein schönes Bild. **Wissenswertes** Der zum Verwechseln ähnliche Zwergschwan sieht aus wie die kleine Ausgabe des Singschwans, auch er ist bei uns nur Wintergast und mischt sich unter Singschwan-Trupps.

Der Tipp für unterwegs

Wintergast aus Skandinavien bis Sibirien. In großen Verbänden, rufen trompetend. Diese Schwäne sind immer scheu.

1 Kanadagans
Branta canadensis

  Jan–Dez

Merkmale Größer als eine Graugans, mit langem, schwarzem Hals und weißen Wangen. Die an der Küste im Winter zu beobachtende Nonnengans (→ S. 134) hat zusätzlich eine schwarze Brust. **Lebensweise** In Mitteleuropa kommt die Kanadagans in halboffenen Landschaften in Gewässernähe vor; oft auch in Parks oder im Umfeld von Großstädten. Sie ernährt sich von Gräsern, Wasserpflanzen und von Feldfrüchten. **Wissenswertes** Ruft im Flug gerne und laut trompetend „a-hong", wobei die zweite Silbe höher ist.

> **Der Tipp für unterwegs**
>
> *Als Ziervogel aus Amerika eingeführte Art, die nach und nach verwildert ist und mittlerweile auch in Mitteleuropa erfolgreich brütet.*

2 Saatgans
Anser fabalis

  Okt–März

Merkmale In Größe und Aussehen ähnlich der Graugans (→ S. 98), aber dunkler gefärbt und mit braunem statt grauem Kopf und Hals. **Lebensweise** Brutvogel der Tundra und Taiga, wo sie im Winter unter der Schneedecke keine Gräser mehr findet und deshalb nach Mitteleuropa abwandert. **Wissenswertes** Tagsüber sieht man sie in kleinen Familienverbänden weidend, allabendlich sammeln sich diese Saatgänse und fliegen in großen Scharen zu ihren bis zu 25 km entfernten Schlafplätzen auf dem flachen Wasser.

> **Der Tipp für unterwegs**
>
> *Wintergast aus Skandinavien, Russland und Sibirien. Braucht ungestörte Wiesen und Felder zur Nahrungssuche.*

3 Blässgans
Anser albifrons

  Okt–Apr

Merkmale Kleiner und dunkler als eine Graugans (→ S. 98), von weitem eher mit der ebenfalls recht dunklen Saatgans (s. o.) zu verwechseln, doch unterscheidet sie sich bei genauerem Hinsehen durch ihre typische, weiße Blesse. **Lebensweise** Brutvogel Grönlands und Sibiriens, wo sie in im kurzen Tundra-Sommer brütet. Braucht im Winter störungsfreie Wiesen im europäischen Flachland, die aber immer seltener werden. **Wissenswertes** Seit den 1980er-Jahren brüten auch erste Blässgänse in den Niederlanden und konnten sich sowohl hier als auch in Belgien erfolgreich etablieren.

> **Der Tipp für unterwegs**
>
> *Mit typischer „Blesse" oberhalb des Schnabels. Brutvogel der Arktis, im Winter in Mitteleuropa hauptsächlich an den Küsten der Nordsee. Ruft melodisch „kau-liau".*

1 Graugans
Anser anser

 🔭 Jan–Dez

Merkmale Große und helle graue Gans mit orange-farbenem Schnabel. Fliegt oft in V-Formationen, wobei die zweifarbigen Unterflügel auffallen. **Lebensweise** Brutvogel Mitteleuropas an schilfbewachsenen Teichen und Seen mit angrenzenden Wiesen. Baut ihr Nest an schwer zugänglichen Stellen im Röhricht. Ernährt sich wie alle Gänse vegetarisch von Land- und Wasserpflanzen. **Wissenswertes** Die Graugans hat von allen grauen Gänsen die weiteste Verbreitung und kommt am weitesten südlich vor. Von ihr stammt unsere weiße Hausgans ab.

Der Tipp für unterwegs

Berühmt durch die Studien des Verhaltensforschers Konrad Lorenz und durch die Kinderbuchfigur Nils Holgersson, der auf dem Rücken einer Graugans Schweden überflog.

2 Nilgans
Alopochen aegyptiaca

 🔭 Jan–Dez

Merkmale Braungraue Halbgans mit kurzem Hals und dunkelbraunem Augenring. **Lebensweise** Ursprünglich Brutvogel subtropischer Süßwasserseen bevorzugt sie auch bei uns eher warme Gewässer wie Park- oder Baggerseen. Nimmt verschiedenste Nistgelegenheiten wahr, brütet sowohl auf Bäumen als auch am Boden oder in Erdlöchern. **Wissenswertes** Die meisten Nilgänse brüten in Großbritannien und in den Niederlanden und auch in Westdeutschland. Mittlerweile sind es mehr als 10 000 Brutpaare, die von Parkvögeln abstammen.

Der Tipp für unterwegs

Aus Afrika eingebürgerte Art (Name!), die sich gegenwärtig rasch in Mitteleuropa ausbreitet, hier erfolgreich brütet und sogar überwintert.

3 Mandarinente
Aix galericulata

  🔭 Jan–Dez

Merkmale Kleine, bunte Ente. Nur haushuhngroß, kontrastreich orange, weiß, grün und blau, Weibchen schlicht. **Lebensweise** Ihre zierliche Gestalt verrät die Waldente: Problemlos durchfliegt sie Baumkronen und landet noch auf winzigen Waldteichen und -bächen. Höhlenbrüter, Bestand lässt sich durch angebotene Nistkästen erhöhen. **Wissenswertes** Während die Mandarinente in Europa Fuß fasst, erging es den ursprünglichen Beständen in China und Japan durch Bejagung und intensiven Handel zeitweise schlecht; so stand die Art bereits auf der Liste der global bedrohten Vogelarten.

Der Tipp für unterwegs

Aus Japan und China bei uns in Zoos und Parks eingeführt und von hier aus verwildert. Größte Bestände in Großbritannien, mittlerweile aber auch in Mitteleuropa frei brütend.

1 Schnatterente

Anas strepera

 🔭 Jan–Dez

Merkmale Knapp stockentengroß; schlicht grau und bräunlich mit weißem Flügelfleck, der besonders beim Auffliegen sichtbar wird. Das Männchen fällt dadurch auf, dass es kaum gestrichelt ist und auch durch seinen schwarzen Bürzel. **Lebensweise** Nirgends häufige Ente; braucht flache, nährstoffreiche Gewässer, in denen sie gründeln kann. Baut ihr Bodennest in Gewässernähe. **Wissenswertes** Die meisten mitteleuropäischen Schnatterenten ziehen im Herbst Richtung Südwesten und überwintern in den Niederlanden und in Frankreich. Doch vermehrt gibt es auch Überwinterer bei uns.

> **Der Tipp für unterwegs**
>
> *Typische „Gründelente": Sucht Nahrung nach der „Köpfchen-unters-Wasser-Schwänzchen-in-die Höh"-Methode.*

2 Krickente

Anas crecca

 🔭 Jan–Dez

Merkmale Kleine Ente mit rostbraunem Kopf und dem typischen, grünen Augenstreif. Besonders im Flug am ehesten mit der ebenfalls zierlichen Knäkente (s. u.) zu verwechseln. Weibchen schlicht, auch das Männchen trägt zwischen Juli und September sein unscheinbares Schlichtkleid. **Lebensweise** Brütet an seichten Gewässern mit reichlich bewachsenen Ufern. **Wissenswertes** Krickenten gehen häufig an Bleivergiftungen zugrunde: Beim Gründeln im seichten Wasser nehmen sie neben Kleingetier und Wasserpflanzen häufig auch Bleischrot mit auf.

> **Der Tipp für unterwegs**
>
> *Ruft gern ihren Namen: „Krick". Im Flug fällt das grüne Flügelfeld („Spiegel") auf.*

3 Knäkente

Anas quercedula

 🔭 März–Sept

Merkmale Zählt wie die Krickente zu den kleinsten Enten Europas. **Lebensweise** Seltene Ente; brütet an kleinen, flachen und nährstoffreichen Gewässern, wo sie Wasserpflanzen und Samen, aber auch kleine Tiere (Krebschen, Würmer, Schnecken) aus dem Wasser seiht. Auf dem Zug auf großen Flachseen und Überschwemmungsflächen. **Wissenswertes** Knäkenten werden besonders häufig auf dem Zug von und in ihre afrikanischen Winterquartiere geschossen; in ihren Brutgebieten leiden sie unter der immer noch fortschreitenden Trockenlegung flacher Gewässer.

> **Der Tipp für unterwegs**
>
> *Der Langstreckenzieher unter den europäischen Enten; überwintert im afrikanischen Niger- und Senegaldelta. Typisch: der weiße Augenstreif.*

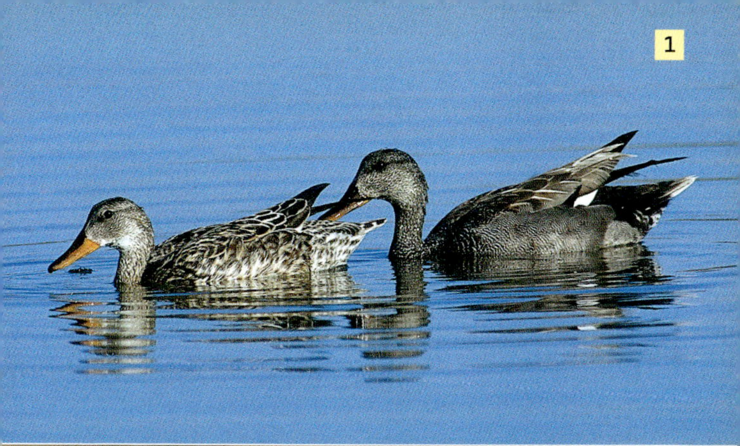

1

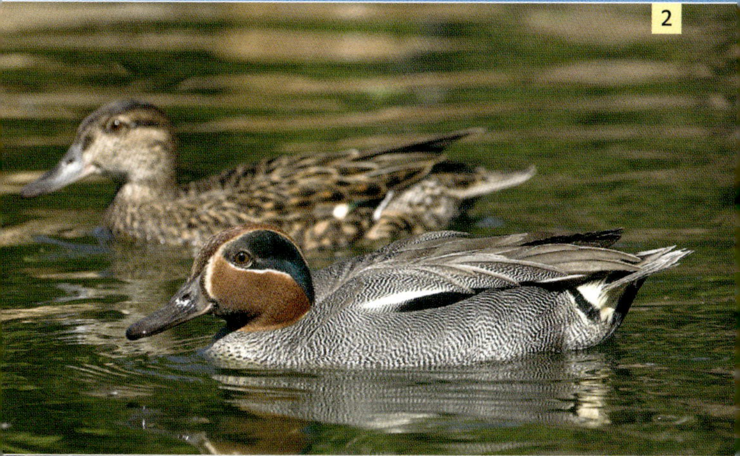

2

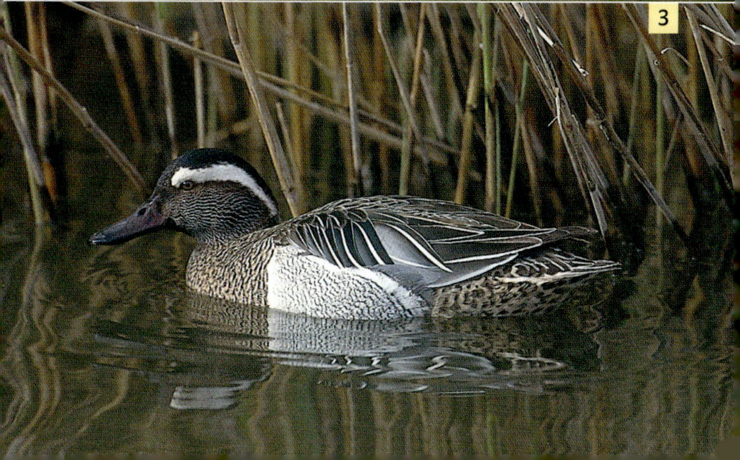

3

1 Stockente

Anas platyrhynchos

Merkmale Bekannte Ente mit flaschengrünem Kopf, brauner Brust und grauem Körper. Das Weibchen (**1b**) ist, wie bei den meisten Enten üblich, deutlich schlichter gefärbt, so ist es auf dem Nest gut getarnt. **Lebensweise** Brutvogel auf Seen, Flüssen, Teichen und an ruhigen Meeresbuchten. „Gründelt" nach der „Köpfchen-unter-Wasser"-Methode nach Wasserpflanzen, Schnecken und Krebschen. **Wissenswertes** Von der Stockente stammen unsere Hausenten ab und es kommt nicht selten vor, dass sich wilde Stockenten mit Hausenten verpaaren. Ihre Nachkommen haben unterschiedlich viele weiße Gefiederpartien.

bekannt Jan–Dez

Der Tipp für unterwegs

Unsere häufigste Ente, oft handzahm an Stadtparkseen oder an Flüssen, wo regelmäßig gefüttert wird. Ruft laut „waak-wak-wak-wak-wak".

2 Löffelente

Anas clypeata

Merkmale Unverwechselbar mit dunkelgrünem Kopf, weißer Brust, zimtfarbenen Flanken und dem breiten Schnabel. Weibchen schlicht, ähnlich Stockente. **Lebensweise** In Mitteleuropa nirgends häufige Ente, außer regional in schonend genutzten Teichen. Leidet unter Störungen am Brutgewässer, zu hohem Fischbesatz (Karpfen) und Trockenlegung von Feuchtbiotopen. **Wissenswertes** Die meisten mitteleuropäischen Löffelenten überwintern im Mittelmeerraum und in Nordafrika; hier lassen sich im Winter bis zu Zehntausende Löffelenten in den Feuchtgebieten beobachten.

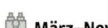 März–Nov

Der Tipp für unterwegs

Mit einem Schnabel wie ein Löffel (Name!). Damit „durchschnattert" sie das Wasser nach Fressbarem, das an einer Reihe von Hornlamellen am Schnabelrand hängen bleibt.

3 Kolbenente

Netta rufina

Merkmale Männchen (**3a**) typisch mit fuchsrotem Kopf und lackrotem Schnabel, Weibchen (**3b**) schlicht. **Lebensweise** In Mitteleuropa an warmen, flachen Gewässern des Binnenlandes mit reichlich Ufervegetation und Überschwemmungsflächen. **Wissenswertes** Die meisten unserer Kolbenenten sind Zugvögel, die im Mittelmeerraum überwintern, doch beobachtet man zunehmend auch winterliche Trupps an den Voralpenseen.

 Feb–Okt

Der Tipp für unterwegs

Selten und bedroht: Ernährt sich hauptsächlich von Armleuchteralgen, die durch die Eutrophierung unserer Gewässer verschwinden.

1a 1b

2

3a  3b

1 Tafelente
Aythya ferina

  Jan–Dez

Merkmale Kleiner als eine Stockente mit zimtfarbenem, typisch birnenförmigem Kopf, schwarzer Brust und mausgrauem Körper. Weibchen (**1b**) schlicht. **Lebensweise** Brutvogel an Seen sowie an künstlich geschaffenen Fischteichen und Stauseen. Braucht zum Brüten schilf- oder binsenbewachsene Uferzonen. Tauchente, die im Gegensatz zu den Gründelenten (s. Stockente → S. 102) zur Nahrungssuche ganz abtaucht. **Wissenswertes** Viele mitteleuropäische Tafelenten ziehen im Winter nach West- und Südeuropa bis nach Nordafrika, doch überwintern auch immer Trupps auf unseren Seen.

Der Tipp für unterwegs

Diese Ente profitiert von der Eutrophierung (Belastung durch zu viele Nährstoffe) unserer Gewässer und von den zunehmend milden Wintern. So nehmen die Bestände seit Mitte des 19. Jahrhunderts zu.

3 Reiherente
Aythya fuligula

 Jan–Dez

Merkmale Zierliche, schwarze Ente mit weißen Flanken, typischer Federtolle auf dem Kopf und goldgelben Augen. Weibchen schlichter. **Lebensweise** Besiedelt tiefere Gewässer als andere Enten, weil sie sehr gut tauchen kann. Anpassungsfähige Art, die sich auch auf Stadtparkteichen und in der Nähe anderer Futterplätze aufhält. **Wissenswertes** Seit die Dreikantmuschel (*Dreissena polymorpha*) aus dem Schwarzmeerraum donauaufwärts in unsere Gewässer eingeschleppt wurde und sich seither explosionsartig vermehrt, nehmen die Winterbestände der Reiherente kontinuierlich zu.

Der Tipp für unterwegs

Tauchspezialistin. Kann im Winter täglich 3000–3700 mittelgroße Muscheln vom Gewässergrund erbeuten.

3 Schellente
Bucephala clangula

 Jan–Dez

Merkmale Unverkennbar ist der weiße Fleck an der Schnabelbasis des Männchens (**3a**) und der nach oben langgezogene Kopf. **Lebensweise** Brutvogel an Seen und langsam fließenden Flüssen in Waldnähe. **Wissenswertes** Schellenten brüten in Baumhöhlen, die sie mit Daunenfedern weich auspolstern. Frisch geschlüpft „fliegen" die Küken mit ausgebreiteten Flügelstummeln und gespreizten Schwimmhäuten zu Boden und werden von der Mutter ans Wasser geführt.

Der Tipp für unterwegs

Mit schönen, goldenen Augen, denen sie ihren englischen Namen „Golden eye" verdankt. Das „Schellen" bezieht sich auf das wie ein Klingeln tönende Fluggeräusch.

1 Zwergsäger

Mergellus albellus

  Okt–Apr

Merkmale Nur taubengroß; schneeweißes Gefieder mit schwarzem Muster, das aussieht wie mit dem Pinsel gemalt. Weibchen schlicht. **Lebensweise** Brutvogel an nahrungsreichen Gewässern in Waldnähe von Skandinavien über Sibirien bis an den Nordatlantik. **Wissenswertes** Alle „Säger" haben kleine Sägezähnchen aus Horn an den Schnabelkanten. Damit können sie glitschige Fische packen und gut festhalten.

Der Tipp für unterwegs

Bezaubernder Wintergast auf eisfreien Seen, Flüssen und in stillen Meeresbuchten. Das weiße Gefieder fällt auch aus großer Entfernung auf.

2 Mittelsäger

Mergus serrator

 Jan–Dez

Merkmale Stockentengroß mit dünnem, rotem „Sägerschnabel" (→ Zwergsäger, s. o.). Männchen mit grünem Kopf, weißem Halsring und rotbrauner Brust (→ Gänsesäger, s. u.), Weibchen schlichter gefärbt. **Lebensweise** In Mitteleuropa brüten Mittelsäger bevorzugt in Küstennähe. Anders als Zwerg- und Gänsesäger brauchen sie zum Brüten nicht unbedingt Baumhöhlen, sie bauen ihr Nest auch in der Ufervegetation oder zwischen Felsen. **Wissenswertes** Häufig sieht man Mittel- und Gänsesäger beim „Wasserlugen": Sie tauchen nur ihr Gesicht unter Wasser, um Fische zu erspähen. Offensichtlich können sie auch unter Wasser gut ohne Taucherbrille sehen.

Der Tipp für unterwegs

Im Gegensatz zum Gänsesäger (s. u.) bei uns hauptsächlich im Küstenbereich der Ostsee anzutreffen.

3 Gänsesäger

Mergus merganser

 Jan–Dez

Merkmale Größer und massiger als eine Stockente und mit weithin leuchtendem, schneeweißen (Männchen, **3a**) Körper (→ Mittelsäger, s. o.). **Lebensweise** Nirgends häufiger Brutvogel an Flüssen und Seen mit altem Baumbestand. Zum Brüten braucht er Baumhöhlen und nimmt sogar (entsprechend große) Nistkästen an. **Wissenswertes** Der Gänsesäger leidet unter der Verbauung unserer Flüsse und dem Abholzen ursprünglicher, flussnaher Auwälder. Aus vielen Brutgebieten auch durch intensiven Kanusport (z. B. aus der Wutachschlucht) vertrieben.

Der Tipp für unterwegs

Zu allen Jahreszeiten auf Seen im Binnenland zu beobachten. In kalten Wintern häufig in eisfreien Meeresbuchten und sogar auf Stadtparkteichen.

1 Haubentaucher
Podiceps cristatus

 🔭 Jan–Dez

Merkmale Größer als eine Stockente mit aufstellbarer Federhaube (Name!) und feinem, spitzem Schnabel. Beide Geschlechter gleich gefärbt. **Lebensweise** Wenig wählerisch in Bezug auf ihre Brutgewässer. Neben verschilften Seen und Teichen selbst an Stauseen, die kaum Deckung bieten; dabei ist ihr Schwimmnest aus Halmen oft nicht sehr gut versteckt. Fischjäger, der gut taucht. **Wissenswertes** Haubentaucher tragen ihre Jungen, die selber zwar gut schwimmen können, oft auf dem Rücken herum: Dann sieht man die Kleinen aus dem Rückengefieder hervorlugen.

Der Tipp für unterwegs
Im zeitigen Frühjahr bieten ihre synchron aufgeführten Balztänze auf dem offenen Wasser ein beeindruckendes Schauspiel.

2 Rothalstaucher
Podiceps grisegena

  🔭 Jan–Dez

Merkmale Zur Brutzeit auffällig mit rotbraunem Hals, weißen Wangen und spitzem, gelbem Schnabel. Im Schlichtkleid hauptsächlich durch die Größe vom Haubentaucher (s. o.) unterschieden. **Lebensweise** Brutvogel auf kleineren, verschilften Fischteichen und anderen Flachgewässern. Taucht nach kleinen Fischen, Wasserinsekten-Larven, Muscheln und Krebschen. **Wissenswertes** Mit einem für so einen aparten Vogel ungewöhnlichen Lautrepertoire, das vom durchdringenden Wiehern „uöööhhh" bis zum schweineartigen Quieken reicht.

Der Tipp für unterwegs
Ähnlich dem häufigen Haubentaucher (s. o.), aber kleiner und mit rotbraunem Hals (Name!). Seltener Brutvogel in Mitteleuropa.

3 Zwergtaucher
Tachybaptus ruficollis

  🔭 Jan–Dez

Merkmale Kleinster Taucher, kleiner als eine Haustaube. Wirkt trotz rotbrauner Halsseiten (Sommer, **3a**) insgesamt dunkel; typisch ist sein gelber Fleck am Schnabelgrund. **Lebensweise** Verbreiteter Brutvogel an flachen und kleinen verlandeten Teichen mit schlammigem Untergrund, aber klarem Wasser. **Wissenswertes** Im Gegensatz zum verwandten Haubentaucher, der sich gern auf dem offenen Wasser zeigt, lebt der Zwergtaucher eher heimlich und versteckt und ist deshalb öfter zu hören als zu sehen.

Der Tipp für unterwegs
Wird wegen seiner zierlichen Gestalt und dem kurzen Schnabel nicht selten für ein Entenküken gehalten. Typisch: trillernde Rufreihen.

1 Kormoran
Phalacrocorax carbo

 Jan–Dez

Merkmale Knapp gänsegroß mit schwarzem Gefieder und langem Hals. **Lebensweise** Brütet in Kolonien; an küstennahen Seen und Teichen auf Bäumen, an der Meeresküste auf Felsklippen. Erbeutet hauptsächlich Fische von 10-20 cm Länge. **Wissenswertes** An Fischzuchtteichen werden Kormorane lokal zum Problem. Nicht haltbar ist jedoch, diesem Vogel die Schuld an unseren leergefischten Flüssen zu geben: Dieses Problem haben wir Menschen durch die Verbauung unserer Fließgewässer und deren Überfischung selber zu verantworten.

Der Tipp für unterwegs
Muss seine Flügel zum Trocknen ausbreiten. Wirkt durch langen Schwanz im Flug wie ein schwarzes Kreuz.

2 Löffler
Platalea leucorodia

 März–Nov

Merkmale Storchenartig mit eigenartig breitem „Löffelschnabel". **Lebensweise** Brütet an schilfreichen Flachseen und an der Meeresküste. Durchseiht zur Nahrungssuche flaches Wasser mit seinem breiten Schnabel und fängt so Krebschen, Schnecken, Egel, Insektenlarven und kleine Fischchen heraus. **Wissenswertes** Damit der schöne Löffler weiter in Mitteleuropa Fuß fassen kann, müssen seine Brutkolonien gesichert und geschützt werden, dabei darf aber der Schutz seiner Zug- und Überwinterungsgebiete durch internationale Abkommen nicht vergessen werden.

Der Tipp für unterwegs
Breitet sich nach dramatischen Bestandseinbrüchen neuerdings wieder im Nordwesten Mitteleuropas aus und brütet seit den 1990er-Jahren auch in Deutschland.

3 Rohrdommel
Botaurus stellaris

 Jan–Dez

Merkmale Fast so groß wie ein Graureiher mit schilffarbig gestreiftem Gefieder. **Lebensweise** Brütet im Schilf auf einer Plattform aus Halmen. Schreitet bei einbrechender Dämmerung langsamen Schrittes durchs Schilf und stößt blitzschnell nach Fischen, Fröschen, Wasserinsekten, Würmern und anderen Kleintieren. **Wissenswertes** Glaubt sie sich entdeckt, verharrt sie reglos in „Pfahlstellung" mit nach oben gestrecktem Hals und Schnabel. So verschwimmen ihre Konturen hervorragend zwischen Schilf und Binsen.

Der Tipp für unterwegs
Seltener Schilfvogel, der so perfekt getarnt ist, dass man ihn praktisch nie sehen, wohl aber hören kann, denn er tutet wie ein Nebelhorn „u-hump".

1 Graureiher
Ardea cinerea

  Jan–Dez

Merkmale Etwas kleiner als ein Storch; seine langen Beine sind aber selten zu sehen, weil er meist im Wasser oder in dichter Ufervegetation steht. **Lebensweise** Brütet auf Bäumen am Waldrand, doch sieht man ihn fast immer in Gewässernähe, wo er seine Nahrung sucht. Ab Spätsommer auch zum Mäusefang auf Feldern und Wiesen. **Wissenswertes** Trotz seiner Größe kann man ihn leicht übersehen, weil er oft absolut reglos am Uferrand steht und nach Fischen späht. Nähert man sich, fliegt er unvermittelt auf, ruft krächzend „kraich" und ist dann im Flug leicht zu bestimmen.

Der Tipp für unterwegs

Unser häufigster und größter Reiher. Fliegt mit eingezogenem Hals und nach unten gebogenen (nicht gerade ausgebreiteten) Flügeln, wirkt dadurch wie ein kleines „m".

2 Silberreiher
Casmerodius albus

  Jan–Dez

Merkmale Graureihergroß und ganz weiß. Fliegt reihertypisch mit eingezogenem Hals. **Lebensweise** Braucht zum Brüten ungestörte Schilfgebiete. Zur Nahrungssuche im flachen Wasser, wo er Fische, Frösche, Molche und andere Wassertiere erbeutet. Im Winter zunehmend zur Mäusejagd auf Wiesen und Feldern. **Wissenswertes** Der Silberreiher mag es warm und sonnig und ist deshalb in Europa hauptsächlich am Mittelmeer zuhause. Doch neuerdings breitet er sich auch in Mitteleuropa aus und überwintert hier sogar zum Teil.

Der Tipp für unterwegs

Vor wenigen Jahren noch eine Sensation, zählt der Silberreiher heute in Deutschland keinesfalls mehr zu den Seltenheitsbeobachtungen.

3 Schwarzstorch
Ciconia nigra

  März–Okt

Merkmale Wie die dunkle Ausgabe des bekannten Weißstorchs. **Lebensweise** Brutvogel in naturnahen Laub- und Mischwäldern, wo er sein großes Nest hoch oben in einer Baumkrone baut. Braucht in unmittelbarer Umgebung langsam fließende Flüsse mit Altwässern, Überschwemmungsflächen, Sümpfe oder Waldteiche zur Nahrungssuche. **Wissenswertes** Langstreckenzieher, dessen Überwinterungsgebiete im Gegensatz zum Weißstorch aber nördlich des Äquators liegen. Breitet sich nach dramatischem Rückgang langsam wieder in Mitteleuropa aus.

Der Tipp für unterwegs

Schwarz und scheu, brütet in ungestörten Wäldern.

1 Fischadler
Pandion haliaetus

 🔭 März–Okt

Merkmale Größer als ein Mäusebussard; fällt durch lange, schlanke Flügel und die helle Unterseite auf. **Lebensweise** Mitteleuropäische Fischadler brüten an waldreichen Seen und Flüssen mit hohen Bäumen (oder auch Strommasten) zum Nestbau. **Wissenswertes** Fischadler sind Zugvögel. Die europäischen Fischadler überwintern hauptsächlich im tropischen Westafrika. Im Frühjahr und im Herbst sind sie somit regelmäßig auf dem Durchzug an fischreichen Gewässern überall in Mitteleuropa zu beobachten.

Der Tipp für unterwegs

In Mitteleuropa seltener Brutvogel. Nicht mehr als rund 500 Brutpaare, die fast ausschließlich im Flachland Polens und im Nordosten der Bundesrepublik brüten.

2 Rohrweihe
Circus aeroginosus

 🔭 März–Okt

Merkmale Mit langen, schlanken Flügeln und langem Schwanz. Männchen (**2a**) kontrastreich grau und braun abgesetzt, Weibchen (**2b**) dunkelbraun mit rahmfarbenem Kopf und weißem Vorderflügelrand (vgl. Korn- und Wiesenweihe → S. 52). **Lebensweise** Bewohnt überwiegend Schilfgebiete, wo sie ihr Nest am Boden baut. Gelegentlich auch in Wiesen oder Getreidefeldern. **Wissenswertes** Verlor viele Brutgebiete durch Entwässerungsmaßnahmen oder übermäßige Freizeitnutzung und weicht zunehmend auf landwirtschaftliche Nutzflächen aus, wo ein Großteil der Bruten jedoch dem Mähdrescher zum Opfer fällt.

Der Tipp für unterwegs

Fliegt langsam in niedrigem Suchflug über ausgedehnte Schilfröhrichte. Typisch: die V-förmig gestellten Flügel.

3 Seeadler
Haliaetus albicilla

 🔭 Jan–Dez

Merkmale Größter Greifvogel Mitteleuropas mit einer Spannweite von 2-2,45 m. Altvögel mit auffallendem, weißen Schwanz. **Lebensweise** In Mitteleuropa Brutvogel in ungestörten Wäldern mit großen Bäumen. Zur Nahrungssuche an fisch- und vogelreichen Seen und Teichen. **Wissenswertes** Direkte Verfolgung durch Menschen, Störungen am Brutplatz und das Umweltgift DDT, das der Adler mit seiner Nahrung aufnimmt, ließen die Seeadler-Bestände in den 1970er-Jahren dramatisch einbrechen. Großflächige Ankäufe und Bewachung von Schutzgebieten z. B. durch den WWF zeigten hier große Erfolge.

Der Tipp für unterwegs

Im Aufwind: Nach jahrzehntelanger Naturschutzarbeit sind die mitteleuropäischen Seeadler-Bestände endlich wieder am Wachsen – eine Erfolgsgeschichte des Naturschutzes.

1 Kranich
Grus grus

 🔭 März–Nov

Merkmale Größer als ein Storch. Im Gegensatz zum ebenfalls grauen Graureiher (→ S. 112) fliegt der Kranich mit lang ausgestrecktem Hals. **Lebensweise** In Mitteleuropa brütet der Kranich nur im Nordosten. Hier bewohnt er Moore und Bruchwälder, in denen sein riesiges Bodennest wie eine Burg ringsherum von Wasser umgeben und so weitgehend vor Räubern gesichert ist. **Wissenswertes** Seit den 1980er-Jahren kehrt das Sorgenkind des mitteleuropäischen Naturschutzes nach und nach zurück. Mittlerweile hat sich der Bestand Deutschlands von einst nur noch wenigen Hundert auf inzwischen mehrere Tausend Brutpaare vervielfacht.

Der Tipp für unterwegs

Ziehen in Keilformation und rufen dabei trompetend. Immer öfter kommt es auch vor, dass Kranich-Trupps über Winter hierbleiben.

2 Wasserralle
Rallus aquaticus

 🔭 Jan–Dez

Merkmale Bekommt man sie einmal zu Gesicht, ist sie mit ihrem relativ langen, roten Schnabel, der braun gestreiften Oberseite und der grauen Unterseite nicht zu verwechseln. **Lebensweise** Brütet sehr heimlich auf überschwemmten Wiesen oder in der Ufervegetation, wo sie geduckt umherläuft und nach Insektenlarven, Würmern, Schnecken, Krebschen und anderem Kleingetier pickt. **Wissenswertes** Damit Räuber aus der Luft wie die Rohrweihe (→ S. 114) ihr Nest nicht finden, bauen Wasserrallen zum Schutz ein baldachinartiges Dach darüber.

Der Tipp für unterwegs

Quiekt und grunzt wie ein Schwein. Zu Gesicht bekommt man sie aber nur, wenn man sehr still am Ufer ausharrt.

3 Tüpfelsumpfhuhn
Porzana porzana

 🔭 Apr–Nov

Merkmale Nur knapp amselgroße Ralle mit hell getüpfeltem Gefieder (Name!) und kurzem, kegelförmigem Schnabel. **Lebensweise** In großen Sumpfgebieten, Mooren und ufernahen Feuchtwiesen. Hier schlüpft das Tüpfelsumpfhuhn mäuseartig durch die Vegetation und pickt Kleintiere und Pflanzenteile auf. Ihr Nest baut sie meist auf einer Seggenbülte. **Wissenswertes** Durch Gewässerregulierungen und Trockenlegung von Nasswiesen hat das Tüpfelsumpfhuhn in Mitteleuropa viele Brutbiotope verloren und ist nur noch lückenhaft verbreitet.

Der Tipp für unterwegs

In der Abenddämmerung singen Männchen und Weibchen ihr schlichtes, aber prägnantes „Lied"; es klingt wie ein tropfender Wasserhahn „huitt-huitt-huitt".

1 Teichhuhn

Gallinula chloropus

 = Jan–Dez

Merkmale Knapp taubengroß mit charakteristischem, rotem Stirnschild und gelber Schnabelspitze. **Lebensweise** Bewohnt reichlich bewachsene Ufer von Fließgewässern, Seen und Teichen. Nahrungsspektrum sehr breit von Samen über Blätter und Grasspitzen bis hin zu Insekten, Muscheln, Kaulquappen, Aas und Abfällen. **Wissenswertes** Teichhühner brüten oft zweimal im Jahr: Während das Männchen sich um die Küken kümmert, brütet das Weibchen schon wieder die nächsten Eier aus. An der Fütterung der zweiten Brut beteiligen sich auch die älteren Geschwister.

Der Tipp für unterwegs

Anpassungsfähige Ralle, die in freier Natur zwar viele Lebensräume verloren hat, dafür aber zunehmend städtische Bereiche, Dorfteiche und Kläranlagen besiedelt.

2 Blässhuhn

Fulica atra

 › Jan–Dez

Merkmale Rundliche, schwarze Ralle mit weißem Schnabel und weißer Stirn. **Lebensweise** Blässhühner sind praktisch an jedem Gewässer zu sehen, von Seen und Teichen über Baggerlöcher oder Parkteiche bis hin zu Brackwasserlagunen. Ihre Ernährung ist entsprechend vielseitig und umfasst viele verschiedene Pflanzenteile, Kleintiere, Abwasserpilze und menschliche Abfälle. **Wissenswertes** Im Winter sammeln sich Blässhühner zu großen Trupps auf eisfreien Seen und sind dann eine beliebte Jagdbeute für Seeadler.

Der Tipp für unterwegs

Die weiße Stirnblesse macht es unverkennbar. Nickt ständig mit dem Kopf, ruft „köw". Wird futterzahm.

3 Flussregenpfeifer

Charadrius dubius

 ‹ 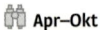 Apr–Okt

Merkmale Kleiner Regenpfeifer mit schwarzem Halsring. Von See- und Sandregenpfeifer (→ S. 142) durch Lebensraum und gelben Augenring unterschieden. **Lebensweise** Brütet ursprünglich auf kiesigen Flussinseln oder an kahlen Flussufern. Heute in Mitteleuropa infolge der Verbauung unserer Flüsse meist in Kiesgruben, Steinbrüchen oder auf anderen kahlen Flächen. Ernährt sich von Insekten, Spinnen und kleinen Wassertierchen. **Wissenswertes** Legt seine perfekt getarnten Eier, die aussehen wie kleine Kieselsteine, einfach in eine Bodenmulde.

Der Tipp für unterwegs

Rennt schnellen Schrittes über kahle Flächen und stoppt unvermittelt. Ruft durchdringend „piiu", mit Betonung auf der ersten Silbe.

1 Flussuferläufer

Actitis hypoleucos

  Apr–Okt

Merkmale Typisch sind der kräftige Schnabel und der weiße Keil, der sich vom Bauch an der Körperseite vor dem Flügelansatz nach oben zieht. **Lebensweise** Baut sein Bodennest an Flussufern und -inseln, pickt Insekten und andere Kleintiere vom Boden auf. **Wissenswertes** Ursprünglich brüteten Flussuferläufer auch überall im Flachland, sind in Mitteleuropa aber durch die Verbauung der Flüsse und Störungen vielerorts ganz verschwunden. So findet man ihn als Brutvogel fast nur noch an Gebirgsflüssen der Alpen. Auf dem Durchzug sieht man ihn aber an vielen Fließgewässern und an der Küste.

> **Der Tipp für unterwegs**
>
> *Läuft an Flussufern entlang (Name!), wippt auf Steinen stehend mit seinem Hinterteil und fliegt flach übers Wasser. Ruft durchdringend „hididiie".*

2 Waldwasserläufer

Tringa ochropus

  Jan–Dez

Merkmale Lange Beine und Schnabel, dunkles Gefieder und der im Flug aufleuchtende, weiße Schwanz sind typisch. **Lebensweise** Zur Brutzeit in baumbewachsenen Mooren und Sümpfen und an waldbestandenen Ufern von Gewässern. Zur Zugzeit an verschiedenen Binnengewässern, auch in Küstennähe. **Wissenswertes** Hauptsächlich Brutvogel des hohen Nordens, der in Afrika überwintert und bei uns am ehesten zur Zugzeit im Frühjahr und Herbst zu beobachten ist. Brütet mittlerweile aber auch in Dänemark und im Osten Deutschlands; einige überwintern sogar bei uns.

> **Der Tipp für unterwegs**
>
> *Brütet in verlassenen Baumnestern von Amseln, Krähen oder Eichhörnchen. Das Weibchen überlässt die Jungenaufzucht allein dem Männchen.*

3 Sturmmöwe

Larus canus

  Jan–Dez

Merkmale Mit ganzjährig weißem Kopf. Viel kleiner als die ähnlich gefärbte, mächtige Silbermöwe (→ S. 152). **Lebensweise** Brütet seit den 1950er-Jahren in Mitteleuropa nicht mehr ausschließlich an der Küste, sondern auch im Binnenland in Mooren und an Seen. Meist auf Inseln oder Landzungen mit nicht zu hoher Vegetation. **Wissenswertes** Sturmmöwen brüten gern in kleinen Kolonien. Gemeinsam können sie ihre Nester und Küken erfolgreicher gegen Räuber verteidigen.

> **Der Tipp für unterwegs**
>
> *Sucht ihre Nahrung nicht nur am Gewässer, sondern häufig auch auf Feldern; hier sieht man sie als „Pflug-Folger".*

1 Lachmöwe
Larus ridibundus

  Jan–Dez

Merkmale Im Sommer unverkennbar mit schwarzem Kopf, rotem Schnabel und roten Beinen.
Lebensweise Anpassungsfähige Möwe, die sowohl an der Küste als auch in verschiedensten Feuchtgebieten des Binnenlandes brütet. Oft in großen, lärmenden Kolonien in der Nähe von Wiesen und Feldern, wo sie nach Nahrung sucht. **Wissenswertes** Warum die Lachmöwe so heißt, ist nicht mehr eindeutig zu klären. Die einen meinen, weil sie ursprünglich an Binnengewässern („Lachen") brütet, andere, weil ihre Rufe wie ein Lachen klingen.

Der Tipp für unterwegs
Häufigste Möwe im Binnenland, auch inmitten von Großstädten. Im Sommer mit dunklem Kopf, im Winter Kopf weißlich mit typischem, schwarzem Ohrfleck.

2 Trauerseeschwalbe
Chlidonias niger

  Apr–Okt

Merkmale Kleine, dunkle Seeschwalbe mit seeschwalbentypischen, langen Schwanzspießen.
Lebensweise Brütet nur im Nordosten Mitteleuropas; braucht ungestörte Stillgewässer. **Wissenswertes** Seit Mitte des 19. Jahrhunderts nehmen die Bestände der Trauerseeschwalbe in Mitteleuropa besorgniserregend ab. Hier hilft nur ein Umdenken und -lenken unserer zu stark kanalisierten Feuchtgebiete, zum Beispiel durch die Einrichtung wiedervernässter Schutzzonen in den Zentren ihrer ehemaligen Brutgebiete.

Der Tipp für unterwegs
Baut ihr Nest auf Schwimmblatt-Pflanzen in Stillgewässern und in Sümpfen. Jagt wendig über dem Wasser und pickt rüttelnd Nahrung von der Wasseroberfläche.

3 Flussseeschwalbe
Sterna hirundo

  Jan–Dez

Merkmale Mit spitzen Flügeln und langen Schwanzspießen. Die ähnliche Küstenseeschwalbe (→ S.154) hält sich in Mitteleuropa nur selten im Binnenland auf. **Lebensweise** Koloniebrüter auf Kiesstränden und -inseln von Flüssen und Seen, wo eine flache Mulde als Bodennest dient. Auch auf Salzwiesen an der Meeresküste. Erbeutet kleine Fischchen, die an der Wasseroberfläche schwimmen, Kaulquappen und wasserlebende Insektenlarven. **Wissenswertes** Heute gibt es aufgrund der Lebensraumzerstörung in Mitteleuropa Flussseeschwalben-Kolonien fast nur noch auf störungssicheren, künstlichen Brutinseln.

Der Tipp für unterwegs
Typisch: schwarze „Käppi" bis über die Augen. Häufig im Suchflug mit senkrecht nach unten gerichtetem Schnabel.

1

2

3

1 Eisvogel
Alcedo atthis

  Jan–Dez

Merkmale Kaum größer als ein Spatz, aber mit extrem kräftigem, langem Schnabel zum Fischefangen. Oberseits stahlblau, Bauch orange. **Lebensweise** Braucht naturnahe, recht klare Fließgewässer mit über das Wasser ragenden Ästen, die er als Ansitz zur Fischjagd nutzt. Taucht von hier aus unvermittelt senkrecht ins Wasser. **Wissenswertes** Hackt und scharrt sich selbst seine 50–90 cm tiefe Bruthröhre in lehmige Steilwände. Wo Steilhänge fehlen, kann dem Eisvogel durch den Bau künstlicher Lehmwände geholfen werden.

Der Tipp für unterwegs

Wird oft mit einem schillernden, fliegenden Edelstein verglichen. Fliegt wie ein blauer Blitz knapp über die Wasseroberfläche und ruft durchdringend „tjii".

2 Beutelmeise
Remiz pendulinus

  März–Nov

Merkmale Etwa so groß wie unsere bekannte Blaumeise. Typisch sind der schwarze Augenstreif und der rotbraune Rücken, wodurch sie Ähnlichkeit mit dem Neuntöter (→ S. 68) hat. **Lebensweise** Immer in Wassernähe. Brütet in flussnahen, lichten Wäldern und an weiden- oder pappelbestandenen Teichen mit ausgeprägter Schilfzone. **Wissenswertes** Das Nest der Beutelmeise ist ein kunstvolles Flechtwerk aus den Samen von Pappeln und Weiden, Tierhaaren und Bastfasern von Hopfen, Brennnesseln und anderen Pflanzen.

Der Tipp für unterwegs

In Mitteleuropa seltener und nur lokal zu beobachtender Brutvogel. Baut kunstvolles Beutelnest (Name!), das wie Weihnachtsschmuck am Zweig baumelt.

3 Uferschwalbe
Riparia riparia

  Apr–Okt

Merkmale Etwa spatzengroß, Rücken matt braun, Bauch weiß mit typischem, braunem Brustband. Für eine Schwalbe hat sie nur kurze Schwanzspieße. **Lebensweise** Uferschwalben sind immer gesellig. So stehen in der Brutkolonie ihre Bruthröhren dicht an dicht und auch bei der Nahrungssuche über Gewässern oder Wiesen sieht man sie immer zusammen nach Fluginsekten jagen. **Wissenswertes** Bei uns sind Uferschwalben mittlerweile fast ausschließlich darauf angewiesen, in Kiesgruben zu brüten. Durch die Arbeiten dort werden häufig ganze Kolonien zerstört.

Der Tipp für unterwegs

Kleinste Schwalbe Mitteleuropas. Nie an Häusern, sie brütet immer in Kolonien an sandigen Steilufern.

1 Bartmeise
Panurus biarmicus

  Jan–Dez

Merkmale Etwa spatzengroß aber mit sehr großem Kopf und langem Schwanz. Männchen (**1a**) hübsch bunt mit rotbraunem Rücken, grauem Kopf und schwarzem Bart, Weibchen (**1b**) schlichter. **Lebensweise** Braucht ausgedehnte Schilfbestände, die auch im Winter nicht gemäht werden, denn die Bartmeise bleibt auch im Winter in Mitteleuropa und ist darauf angewiesen, im Schilf Nahrung und Schutz zu finden. **Wissenswertes** Wissenschaftliche Studien zeigten, dass Bartmeisen sich ihren Lebenspartner schon im zarten Alter von wenigen Wochen aussuchen – und mit ihm auch tatsächlich in den meisten Fällen ein Leben lang zusammenbleiben.

Der Tipp für unterwegs

Männchen mit langem, schwarzem Bart (Name!). Seltener Schilfbewohner.

2 Rohrschwirl
Locustella luscinoides

  Apr–Okt

Merkmale Unscheinbar braun und am besten anhand des charakteristischen Gesanges zu bestimmen. Dieser ist höchstens mit dem entfernt ähnlichen Schwirren des Feldschwirls zu verwechseln, der aber nicht im Schilf lebt. **Lebensweise** Braucht zum Brüten ausgedehnte, mehrjährige Schilfbestände. Hier bleibt er meist unsichtbar, außer wenn er (hauptsächlich in der Dämmerung) singt: Dann klettert er an Schilfhalmen empor und singt knapp unterhalb des Schilfwipfels. **Wissenswertes** Anders als die Rohrsänger (→ S. 128) webt er sein Nest nicht zwischen Schilfhalmen ein, sondern baut es auf umgeknickten Halmen knapp über dem Wasser.

Der Tipp für unterwegs

Nur lokal verbreitet, dann immer im Schilf. Schwirrt tief und schnell „örrrrrrrr....", wobei die einzelnen Töne nicht voneinander zu trennen sind (vgl. Feldschwirl → S. 74)

3 Rohrammer
Emberiza schoeniclus

  Jan–Dez

Merkmale Das Männchen ist mit seinem schwarzen Kopf, dem weißen Nackenband und dem weißen „Bart" leicht zu bestimmen. Weibchen nicht so kontrastreich. **Lebensweise** Bewohnt am liebsten See- und Teichufer mit Schilf und Weidengebüsch. Hier sieht man sie recht oft im oberen Bereich der Schilfstängel sitzen. **Wissenswertes** Neuerdings brüten Rohrammern aber auch zunehmend in Getreidefeldern.

Der Tipp für unterwegs

Recht häufiger „Rohrspatz" mit schwarzem Kopf und weißem Bartstreif. Fast immer im Schilf, fällt hier durch hohe „ziieeh"-Rufe auf.

1 Schilfrohrsänger
Acrocephalus schoenobaenus

  Apr–Okt

Merkmale Schilfvogel mit auffälliger Strichelung, hellem Augenstreif und im Flug gut sichtbarem, rostbraunem Bürzel. **Lebensweise** Braucht Schilf- und Rohrkolbenbestände mit einzelnen Büschen. Schlüpft durch die Vegetation und pickt Insekten und Spinnen auf. **Wissenswertes** Schilfrohrsänger überschlagen sich ganz offensichtlich fast in ihrem Bemühen um einen möglichst ausgefallenen Gesang. Das hat seinen guten Grund: Je komplexer der Gesang, desto größer die Chance, ein Weibchen zu bekommen.

Der Tipp für unterwegs

Gestreifter Sänger im Schilf. Knarrt, quietscht, pfeift und knirscht in ständig wechselnder Geschwindigkeit und Lautstärke. Oft auch im schmetterlingsartigen Singflug zu beobachten.

2 Teichrohrsänger
Acrocephalus scirpaceus

  Mai–Okt

Merkmale Schlicht brauner Schilfvogel, äußerlich dem Sumpfrohrsänger (→ S. 76) ähnlich, der aber höchstens am Rande von Schilf lebt. Am einfachsten am Gesang zu bestimmen. **Lebensweise** In Mitteleuropa häufigster Rohrsänger, da ihm schon kleine Schilfbestände zum Brüten genügen. Langstreckenzieher, der in West- und Zentralafrika überwintert. **Wissenswertes** Der Teichrohrsänger ist sehr eng an senkrechte Strukturen gebunden, je dichter, desto besser. Sein tiefes Napfnest hängt er geschickt zwischen Schilfstängeln auf, die mindestens 4–9 mm dick sein müssen.

Der Tipp für unterwegs

Singt sehr rhythmisch und monoton aus dem Schilf „karrekiet-karre-karre-kiet-kiet-kiet"; heißt im Volksmund deshalb auch „Der kleine Karrekiet" (vgl. Drosselrohrsänger, s. u.).

3 Drosselrohrsänger
Acrocephalus arundinaceus

  Mai–Okt

Merkmale Größter mitteleuropäischer Rohrsänger, fast singdrosselgroß. **Lebensweise** Selten gewordener Brutvogel in ausgedehnten Altschilf-Beständen. Baut hier sein Nest meist am wasserseitigen Schilfrand. Singt vorzugsweise in der Dämmerung, klammert sich dabei auf einem Schilfhalm direkt unterhalb der Rispe fest. **Wissenswertes** Drosselrohrsänger-Küken sind gute Kletterer, und das, lange bevor sie fliegen können. Plumpst eines aus dem Nest ins Wasser, hangelt es sich geschickt an den Schilfhalmen wieder empor!

Der Tipp für unterwegs

Wie die große Ausgabe des Teichrohrsängers (s. o.). Immer im Schilf, wo er sehr laut und tief „karre-karrre-karre-kiet-kiet-kiet-kiet" schnarrt. Heißt auch „Der große Karrekiet".

1 Wasseramsel
Cinclus cinclus

 Jan–Dez

Merkmale Unverwechselbar mit schwarzem Gefieder und weißem Latz. **Lebensweise** In Mitteleuropa brütet die Wasseramsel nur an Flüssen der Mittelgebirge und Alpen, aber im Winter taucht sie auf der Suche nach eisfreien Gewässern auch an langsam fließenden Flüssen des Tieflandes auf. Ihre Nahrung sucht sie im Wasser, dabei dreht sie im Wasser liegende Steine um, unter denen sich Krebschen, Asseln und Insektenlarven verstecken. **Wissenswertes** Wasseramseln brüten gern an Mühlenwehren, Brücken oder anderen menschlichen Bauwerken und nehmen auch spezielle Nistkästen an.

Der Tipp für unterwegs
Wie eine kleine Amsel mit weißer Brust, stelzt oft den Schwanz. Immer an schnell fließenden, klaren Flüssen. Taucht gut und „fliegt" auch unter Wasser.

2 Gebirgsstelze
Motacilla cinerea

  Jan–Dez

Merkmale Ähnlich der bekannten und überall häufigen Bachstelze (s. u.), aber mit auffallend gelbem Bauch und viel längerem Schwanz. Die ähnliche Wiesenschafstelze (→ S. 86) hat einen olivgrünen Rücken, einen kürzeren Schwanz und ist nicht an Gewässer gebunden. **Lebensweise** Brutvogel an schattigen Waldbächen und -flüssen. In Mitteleuropa brütet sie am häufigsten im Bergland, selten im nördlichen Flachland. **Wissenswertes** Im Winter sieht man Gebirgsstelzen vermehrt auch im Norden an langsam fließenden Gewässern und an küstennahen Flussmündungen.

Der Tipp für unterwegs
Gelber Bauch, grauer Mantel und mit sehr langem Schwanz. Immer in Gewässernähe. Nistet gern in Mauerlöchern von Brücken und Wehren.

3 Bachstelze
Motacilla alba

  März–Nov

Merkmale Spatzengroß mit langem Schwanz und feinem Schnabel. Männchen zur Brutzeit mit schwarzer Kappe, schwarzem Latz und weißem Gesicht, Weibchen weniger kontrastreich. **Lebensweise** Ursprünglich Bewohner von Flussufern hat sich die Bachstelze der vom Menschen veränderten Landschaft hervorragend angepasst und brütet sogar inmitten von Industrieanlagen. Ihre Nahrung besteht hauptsächlich aus Insekten und Krebschen. **Wissenswertes** Überwintert meist im Mittelmeerraum.

Der Tipp für unterwegs
Überall häufig, selbst inmitten von Städten, brütet gern in Gebäudenischen, auch fernab vom Wasser.

Lebensraum Küste

Je ungestörter ein Küsten-
abschnitt ist, desto mehr
Vögel werden Sie dort natur-
gemäß auch antreffen.
Es ist ein wirklich unvergess-
liches Naturschauspiel, einen
natürlichen Sandstrand voll
kreischender Seeschwalben
zu erleben! Auf der Nordseeinsel Helgoland können Sie
im April und Mai Tausende
brütender Hochseevögel wie
Basstölpel und Trottellummen beobachten. Zur Zug-
zeit im Frühjahr und Herbst
finden sich im Wattenmeer
der Nordseeküste schließlich
riesige Schwärme nordischer
Gänse und Watvögel ein.

1 Ringelgans
Branta bernicla

  Okt–Mai

Merkmale Kleiner als eine Graugans (→ S. 98) und vor allem, was auch schon von weitem auffällt, viel dunkler. Typisch: Ihr weißes „Heck" und die weißen Halsringel. **Lebensweise** Brutvogel der arktischen Tundra. Bei uns ab Oktober an flachen Küsten der Nordsee mit regelmäßig trockenfallendem Meeresboden (Wattenmeer) und angrenzenden Salzwiesen. Hier weidet sie Seegräser, Algen, Tange und auch Süßgräser ab. **Wissenswertes** In jüngerer Zeit stellen sich Ringelgänse auch zunehmend auf Ackerflächen mit Wintergetreide ein.

Der Tipp für unterwegs

An der Nordsee als „Rottgans" bekannt, ruft charakteristisch „rott-rott". Zur Zugzeit und im Winter in Schwärmen von mitunter mehreren Tausend an der Nordseeküste.

2 Weißwangengans, Nonnengans
Branta leucopsis

  Okt–März

Merkmale Kleiner als eine Graugans (→ S. 98), mit dunklem Rücken, schwarzem Hals und weißem Gesicht. Am ehesten mit der Kanadagans (→ S. 96) zu verwechseln. **Lebensweise** Hochnordischer Brutvogel, bei uns Wintergast. **Wissenswertes** Weltweit gibt es drei Brutpopulationen der Nonnengans: auf Grönland, auf Spitzbergen und in der russischen Arktis. Allesamt überwintern sie an den europäischen Küsten, wodurch wir Europäer maßgeblich die Verantwortung zum Erhalt der Weltpopulation der schönen, nordischen Wildgans tragen.

Der Tipp für unterwegs

Immer in großen, lärmenden Schwärmen „gäk-gäk"; wirken von unten im Flug hell mit dazu kontrastierender, schwarzer Brust.

3 Brandgans
Tadorna tadorna

 Jan–Dez

Merkmale Stockentengroße, schwarz-weiße Gans mit knallrotem Schnabel und rostbraunem Brustband. **Lebensweise** Brutvogel an flachen Meeresküsten, gelegentlich auch im Binnenland. **Wissenswertes** Alljährlich treffen sich auf einsamen Sandbänken der schleswig-holsteinischen Nordseeküste bis zu 100 000 Brandgänse aus dem ganzen europäischen Raum. Hier erneuern sie ihr Gefieder („mausern"), wodurch sie zeitweise flugunfähig sind und somit in besonderem Maße auf ungestörte Plätze angewiesen.

Der Tipp für unterwegs

Brütet gänseuntypisch unter der Erde in verlassenen Kaninchenbauten. Berühmt durch ihre „Mauserwanderungen".

1 Pfeifente

Anas penelope

 Sept–Apr

Merkmale Kleiner als eine Stockente, Männchen (**1a**) mit typischem, zimtfarbenen Kopf und gelbem Scheitel.   **Lebensweise** Brutvogel an kleinen Seen und langsamen Fließgewässern Skandinaviens bis nach Kamtschatka. Brütet nur vereinzelt in Mitteleuropa, fliegt hier aber ab September in großen Schwärmen ein, um zu überwintern. **Wissenswertes** Die Nordseeküste Mitteleuropas ist für den Bestand der Pfeifente von international sehr großer Bedeutung. Allein im schleswig-holsteinischen Wattenmeer überwintern regelmäßig mehr als 150 000 Pfeifenten.

Der Tipp für unterwegs

Wintergast aus dem hohen Norden. Vor allem an der Küste und auf küstennahen Binnengewässern sowie angrenzenden Wiesen zu beobachten. Pfeift „huiiu" (Name!).

2 Bergente

Aythya marila

  Sept–Apr

Merkmale Kleine, dunkle Ente mit weißen Flanken, sehr ähnlich der bei uns brütenden Reiherente (→ S. 104), im Gegensatz zu dieser aber ohne Federtolle und mit silbergrauem statt schwarzem Rücken. Weibchen (**2b**) schlicht, auffällig ist aber der weiße Schnabelgrund. **Lebensweise** Bergenten brüten hauptsächlich in nordischen Mooren und in der Tundra, zum Überwintern bevorzugen sie aber Meeresküsten. Denn hier finden sie auch im Winter reichlich Nahrung: Sie leben dann hauptsächlich von Miesmuscheln, die sie geschickt vom Gewässergrund holen. **Wissenswertes** Leidet bei uns unter hohem Jagddruck und der Meeresverschmutzung.

Der Tipp für unterwegs

Fehlt im Sommer in Mitteleuropa. Ab September in großen Schwärmen am Meer und an Flussmündungen zu beobachten.

3 Eiderente

Somateria mollissima

  Jan–Dez

Merkmale Männchen (**3a**) von November bis Mai im auffälligen, schwarz-weißen Prachtkleid. **Lebensweise** Brütet in Dünen und auf Inseln, im Winter im Wattenmeer. Tauchente, die vorwiegend von Muscheln lebt. **Wissenswertes** Während die Eiderenten-Bestände früher unter zu starker Entnahme von Daunen und Eiern litten, sind sie heute durch Ölrückstände und Anreicherung von Giften in ihrer Nahrung (Muscheln filtern pausenlos das Meereswasser und reichern dadurch Giftstoffe an) noch gravierender gefährdet.

Der Tipp für unterwegs

Liefert die „Eiderdaune" in unseren Kissen. Männchen mit sehr markantem Profil und auffälliger Schwarz-Weiß-Zeichnung. Buhlt mit „au-huu"- Rufen um Weibchen.

1a 1b

2a 2b

3a 3b

1 Samtente
Melanitta fusca

 Sept–Mai

Merkmale Männchen schwarz mit weißem Augenring und im Flug gut sichtbarem, weißem Flügelfeld; Weibchen bräunlich mit zwei hellen Wangenflecken. **Lebensweise** Bei uns kennt man sie nur als Meeresente, die auf flachen Sandgründen weit draußen in Ost- und Nordsee bei eisigem Wetter und rauer See nach Muscheln taucht. Doch zur Brutzeit findet man sie im hohen Norden auf stillen Tundren und einsamen Bergseen. **Wissenswertes** Stellt, wie viele Enten, ihre Nahrung im Sommer um: Dann lebt sie von wasserlebenden Insektenlarven, kleinen Fischen und Wasserpflanzen.

Der Tipp für unterwegs

Nur von Herbst bis Frühjahr bei uns; meist in großen Schwärmen auf der Ostsee, aber auch an der Nordsee und gelegentlich im Binnenland.

2 Eissturmvogel
Fulmarus glacialis

 Jan–Dez

Merkmale Kleiner als eine Silbermöwe (→ S. 152) und im Unterschied zu dieser mit grauem (nicht weißen) Schwanz und heller (nicht schwarzer) Flügelspitze. **Lebensweise** Eissturmvögel sieht man fast immer auf dem offenen Meer, wo sie Schiffen folgen, denn sie leben hauptsächlich vom Beifang der Fischerei. Nur zur Brutzeit kommen sie an Land; dann nisten sie meist in Kolonien zusammen mit anderen Seevogelarten. Bei uns nur auf Helgoland. **Wissenswertes** Die röhrenförmig verlängerte Nasenöffnung dient der Ausscheidung von Salz; zur Gruppe der „Röhrennasen" zählen auch die auf der Südhalbkugel beheimateten Albatrosse.

Der Tipp für unterwegs

Keine Möwe! Typisch: Kurzer Hals, der dicke Kopf mit „Röhrennase" und eleganter Segelflug mit steif ausgestreckten Flügeln.

3 Basstölpel
Sula bassana

 Jan–Dez

Merkmale Gänsegroß und weiß mit gelblichem Kopf und schwarzen Flügelspitzen. Schnabel kräftig, spitz und bläulich. **Lebensweise** Brütet in Kolonien auf windexponierten Felsinseln und an Steilküsten mit großem Angebot an Meeresfischen. Stoßtaucher, der hauptsächlich Schellfisch, Hering, Makrele, Sandaal, Sprotte und Dorschartige bis zu 45 cm Länge erbeutet. **Wissenswertes** Bei ihren spektakulären Sturzflügen aus Höhen bis zu 50 m erreichen Basstölpel Geschwindigkeiten bis zu 100 km/h.

Der Tipp für unterwegs

Fliegt wie ein Segelflugzeug und stößt ins Wasser wie eine Rakete. Zur Brutzeit auf steilen Vogelfelsen wie auf der Hochseeinsel Helgoland in der Nordsee.

1 Austernfischer
Haematopus ostralegus

 🔭 Jan–Dez

Merkmale Sein schwarz-weißes Gefieder, lackrote Beine und Schnabel und sein wenig scheues Wesen machen den Austernfischer unverwechselbar. **Lebensweise** Brutvogel auf Stränden, Dünen, aber auch auf kurzrasigen Wiesen und Weiden in Küstennähe. Stochert nach Würmern, Krebschen und Muscheln wie Plattmuscheln, Herzmuscheln und Miesmuscheln. **Wissenswertes** Austernfischer sind wie viele Watvögel (nicht: Wattvögel) sehr gesellig; nach der Brutzeit schließen sie sich gern zu größeren Trupps zusammen und halten sich dann bevorzugt auf schlickigen Flächen auf.

Der Tipp für unterwegs
Fischt keine Austern. Wie ein kleiner, schwarzer Storch. Ruft aufdringlich „Kliep! Kliep!".

2 Stelzenläufer
Himantopus himantopus

 🔭 Apr–Sept

Merkmale Zierlicher, schwarz-weißer Watvogel; Weibchen sehr ähnlich dem Männchen, etwas weniger kontrastreich. **Lebensweise** Brütet in Küstenlagunen, auf Reisfeldern und überschwemmten Wiesen in Südeuropa. Baut sein Nest hier auf kleinen Inseln. In Mitteleuropa vor allem in der ungarischen Tiefebene; sonst eher unregelmäßiger Durchzügler oder Sommergast. **Wissenswertes** Seine extrem langen Beine und der lange Schnabel ermöglichen es dem Stelzenläufer, auch in tieferem Wasser nach Nahrung zu suchen.

Der Tipp für unterwegs
Überlange Beine und dünner Nadelschnabel. In Mitteleuropa nur selten zu beobachten.

3 Säbelschnäbler
Recurvirostra avosetta

 🔭 Apr–Nov

Merkmale Kräftiger Watvogel mit schwarz-weißem Gefieder, aufwärts gebogenem Schnabel und langen Beinen. **Lebensweise** Brutvogel an flachen Meeresbuchten und Flussmündungen, aber auch im Binnenland. Legt seine Eier in eine flache Mulde am Boden, die Küken verlassen das Nest unmittelbar nach dem Schlupf („Nestflüchter") und können bei Gefahr auch schwimmend flüchten. **Wissenswertes** „Säbelt" mit leicht geöffnetem Schnabel durchs Wasser oder durch Schlick und filtert dabei Würmer, Krebschen und junge Fische heraus.

Der Tipp für unterwegs
Eigenartiger, nach oben gebogener Säbelschnabel und blaue Beine. Ruft flötend „plüüit". Gefährdeter Brutvogel.

1 Seeregenpfeifer
Charadrius alexandrinus

  März–Okt

Merkmale Mit hellem, sandfarbenen Gefieder, bei dem das dunkle Brustband vorne offen ist (vgl. Sandregenpfeifer, s. u. und Flussregenpfeifer → S. 118), relativ langen Beinen und feinem, spitzen Schnabel. **Lebensweise** Brutvogel an Sandstränden, pickt nach Insekten und stochert nach kleinen Krebschen, Würmern und Muscheln. **Wissenswertes** „Verleitet" vermeintliche Angreifer, indem er sich verletzt stellt, sie vom Nest fortlockt und dann ganz unvermittelt und kerngesund fortfliegt.

> **Der Tipp für unterwegs**
> *Rennt über den Sand und ruft weich „huit". Legt seine gesprenkelten, vorzüglich getarnten Eier in eine flache Bodenmulde im Sand.*

2 Sandregenpfeifer
Charadrius hiaticula

  März–Okt

Merkmale Vom ähnlichen Flussregenpfeifer (→ S. 118) durch zweisilbigen (nicht einsilbigen) Ruf, die im Flug auffallende breite, weiße Flügelbinde und den fehlenden, gelben Augenring unterschieden. Vom Seeregenpfeifer (s. o.) durch das vorn geschlossene, dunkle Brustband. **Lebensweise** Hauptsächlich Brutvogel naturbelassener Dünen, aber auch an kahlen Fluss- und Seeufern. Typisch: Rennt („rollt") über den Sand, stoppt plötzlich und pickt nach Insekten, Krebschen und anderem Kleingetier. **Wissenswertes** Der Freizeitrummel an unseren Stränden macht ihm seinen Brutlebensraum streitig.

> **Der Tipp für unterwegs**
> *Seine zweisilbigen „külieh"-Rufe begleiten den Strandwanderer an ungestörten Küstenabschnitten.*

3 Pfuhlschnepfe
Limosa lapponica

 Jan–Dez

Merkmale Haushuhngroßer Watvogel mit langen Beinen und langem, aufgeworfenen Schnabel. Männchen im Prachtkleid (**3a**) leuchtend rostbraun. **Lebensweise** Brütet in der arktischen Tundra, bei uns hauptsächlich auf dem Durchzug ins afrikanische Winterquartier, aber auch Überwinterer und sogar Übersommerer, der sein Gefieder im Wattenmeer wechselt. **Wissenswertes** Im Unterschied zur ähnlichen, bei uns auf Wiesen brütenden Uferschnepfe (→ S. 60) mit auffälligem, weißem Rückenkeil (im Flug sichtbar), dafür ohne deren breite, weiße Flügelbinden.

> **Der Tipp für unterwegs**
> *Brutvogel des hohen Nordens, der aber so gut wie ganzjährig in nahrungssuchenden Schwärmen im Wattenmeer zu beobachten ist.*

1 Rotschenkel

Tringa totanus

  Jan–Dez

Merkmale Auffälliger Watvogel, im Flug unverwechselbar durch drei große, weiße Dreiecke auf Flügeln und Rücken. Warnt laut flötend "djü-dü-dü". **Lebensweise** Brütet heute hauptsächlich auf küstennahen Salzwiesen, weil seine ursprünglichen Brutgebiete auf Feuchtwiesen und in Mooren heute so intensiv genutzt werden, dass er hier kaum noch Bruterfolg hat. Stochert mit seinem langen Schnabel im Schlamm nach Krebsen, Würmern und anderem Kleingetier. **Wissenswertes** Im Winter in kleineren Trupps auf schlammigen Flächen.

Der Tipp für unterwegs

"Feuerwehr der Marschen" mit knallroten Beinen und langem, rotem Schnabel. Steht zur Brutzeit oft auf Pfählen und singt wie eine Feuerwehrsirene.

2 Dunkler Wasserläufer

Tringa erythropus

  März–Mai, Juli–Okt

Merkmale Großer Watvogel mit langen Beinen und langem Stocherschnabel. Im Prachtkleid ist das Männchen fast ganz schwarz (Name!) mit vielen, weißen Pünktchen auf den Flügeln; im Flug ist der ovale Rückenfleck sichtbar (vergleiche Grünschenkel, s. u.). Im Schlichtkleid insgesamt hell wirkend. **Lebensweise** In Europa ausschließlich Brutvogel Nordskandinaviens. **Wissenswertes** Zur Zugzeit im Frühjahr, wenn er bei uns auftaucht, ist sein Prachtkleid meist noch nicht ganz ausgefärbt und im Spätsommer, wenn er aus seinen Brutgebieten zurückkehrt, schon wieder verblasst oder auch recht fleckig ("Übergangskleid").

Der Tipp für unterwegs

Bei uns nur auf dem Durchzug und dann fast immer im hellen Schlichtkleid. Im Unterschied zum dann ähnlichen Rotschenkel (s. o.) im Flug ohne weiße Flügelfelder.

3 Grünschenkel

Tringa nebularia

  Juli–Okt, Apr–Mai

Merkmale Großer, kräftiger Watvogel, der insgesamt sehr hell wirkt. Im Flug sichtbar: Der große, weiße Rückenkeil (er ist nicht oval wie beim Dunklen Wasserläufer, s. o.). Im Gegensatz zum Rotschenkel (s. o.) im Flug ohne weiße Flügelbinden. **Lebensweise** Brutvogel in der Tundra, in Mooren und Heide mit einzelnen Bäumen. Sehr aufmerksam und ruffreudig, fliegt schon bei geringster Störung auf und ruft "kjück-kjück-kjück-kjück". **Wissenswertes** In kleineren Trupps auch im Binnenland zu beobachten.

Der Tipp für unterwegs

Mit grünen Beinen (Name!). Brutvogel Skandinaviens, bei uns nur zu Zugzeiten im Frühjahr sowie Spätsommer bis Herbst.

1 Kampfläufer
Philomachus pugnax

 März–Okt

Merkmale Watvogel mit langen Beinen und im Verhältnis kurzem, geradem Schnabel. Männchen im Prachtkleid (**1a**) bunt und variabel gefärbt, von Weiß über Rostbraun bis Schwarz und mit verlängerten Gefiederpartien. Im Schlichtkleid wie das Weibchen (**1b**) mit schuppig gezeichnetem Gefieder sowie zwei schmalovalen, weißen Schwanzflecken. **Lebensweise** Brütet seit Zerstörung der Moore heute nur noch küstennah im Norden Mitteleuropas. **Wissenswertes** Die auffällige Balz findet in Gruppen auf traditionellen Balzarenen statt.

> **Der Tipp für unterwegs**
> *Geschmückt mit Perücke und Halskrause tragen die Männchen im Mai Scheinkämpfe um Weibchen aus (Name!).*

2 Steinwälzer
Arenaria interpres

 Jan–Dez

Merkmale Recht kleiner, aber kompakter Watvogel mit kurzen, kräftigen Beinen und kurzem, kräftigem Schnabel. Männchen zur Brutzeit (**2a**) mit auffällig schwarzgeflecktem Gefieder, im Schlichtkleid immer noch mit auffällig dunkler Brust und dunklem Hals. **Lebensweise** Brütet an kahlen, trockenen Stellen in Küstennähe, aber auch in der niedrigwüchsigen Tundra. Ernährt sich vielseitig von Krebsen, Würmern, Insekten, Aas und Sämereien. **Wissenswertes** Noch im 19. Jahrhundert brüteten Steinwälzer regelmäßig in Norddeutschland, warum heute nicht mehr, ist nicht wirklich befriedigend geklärt.

> **Der Tipp für unterwegs**
> *Dreht auf der Suche nach Nahrung Steine um (Name!). Brütet kaum noch in Mitteleuropa, überwintert und übersommert hier aber.*

3 Sanderling
Calidris alba

 Jan–Dez

Merkmale Spatzengroßer, sehr heller Watvogel mit kurzen, schwarzen Beinen und sehr kurzem, schwarzem Schnabel. Nur im Hochsommer sind Hals und Brust rostrot. **Lebensweise** Brütet in der arktischen, steinigen und kahlen Tundra, in Europa kein Brutvogel, nur als Gast. Pickt an der Wasserlinie nach Insekten, Würmern, Krebschen und anderem Kleingetier. **Wissenswertes** Sanderlinge brüten zwar nicht in Mitteleuropa, sind hier aber dennoch auch in kleinerer Zahl im Sommer und auch im Winter zu sehen, hauptsächlich im Wattenmeer.

> **Der Tipp für unterwegs**
> *Rennt mit kurzen Trippelschritten an der Wasserkante entlang. Am häufigsten im Mai und Frühherbst zu beobachten.*

1 Knutt

Calidris canutus

 Jan–Dez

Merkmale Robuster Watvogel mit kurzen Beinen, kräftigem Körperbau und kurzem, kräftigem Schnabel. Männchen im Prachtkleid rostrot, Weibchen und Männchen im Schlichtkleid schlicht hellgrau mit hellem Bauch. **Lebensweise** Brütet in der arktischen Tundra. Außerhalb des Brutgebietes immer in großen Schwärmen, die im Wattenmeer nach Nahrung suchen. **Wissenswertes** Ganzjährig im Wattenmeer zu sehen, wobei die gewaltigen Schwärme aus Tausenden Knutts im Mai/Juni und im August/September wie dichte Wolken an der Küste auftauchen.

Der Tipp für unterwegs
Seinen Namen soll er dem dänischen König Knut verdanken, der den massigen Vogel wohl gern verspeiste.

2 Alpenstrandläufer

Calidris alpina

  Jan–Dez

Merkmale Kleiner, stämmiger und kurzbeiniger Watvogel mit mittellangem Schnabel. Bei uns meist im Schlichtkleid (**2b**) zu sehen, das nur noch Anflüge des im Prachtkleid (**2a**) schwarzen Bauches zeigt. **Lebensweise** Brutvogel der nordischen Tundra, brütet nur noch vereinzelt an mitteleuropäischen Küsten. Zur Zugzeit hier jedoch in wolkenartigen Schwärmen aus Tausenden von Vögeln. So zählt der Alpenstrandläufer zur Zugzeit zu den häufigsten Vögeln im Wattenmeer. **Wissenswertes** Ursprünglich brütete die Art zahlreich auch in mitteleuropäischen Mooren, Heiden und an der Küste.

Der Tipp für unterwegs
Lebt nicht in den Alpen. Sein Name beruht auf einem Übersetzungsfehler: Eigentlich müsste er „Bergstrandläufer" heißen, benannt nach der Bergtundra, in der er brütet.

3 Meerstrandläufer

Calidris maritima

 Jan–Mai, Aug–Dez

Merkmale Wie ein dicker, dunkler Alpenstrandläufer (s. o.) mit gelben Beinen. **Lebensweise** Brutvogel (**3a**) der skandinavischen Fjälltundra, hier meist weitab vom Meer. Außerhalb der Brutzeit jedoch eng an felsige Küsten gebunden, wo er zwischen Steinen oder entlang der Wasserkante nach Schnecken und Krebschen sucht. **Wissenswertes** Meerstrandläufer brüten in direkter Nachbarschaft zu Schnee und Eis und überschreiten sogar den 80. Grad nördlicher Breite. Damit zählen sie zu den nördlichsten Brutvogelarten der Welt.

Der Tipp für unterwegs
Brütet nicht am Meer. Aber auf dem Durchzug und im Winter an felsigen Küsten und Hafenmolen.

1

2a 2b

3a 3b

1 Trottellumme
Uria aalge

  Jan–Dez

Merkmale Pinguinähnlich (vergleiche Tordalk, s. u.), aber flugfähig, fliegt mit seinen kurzen, spitzen Flügeln aber nicht sehr elegant. **Lebensweise** Hochseevogel, der nur zum Brüten an Land kommt. Sucht dazu felsige Inseln oder Steilküsten auf, wo im Mai und Juni Hunderte bis Tausende von Paaren dicht an dicht brüten („Vogelfelsen"). **Wissenswertes** Auf dem einzigen Vogelfelsen Mitteleuropas, dem „Lummenfelsen" Helgolands, brüten nach starken Bestandseinbrüchen heute wieder rund 2500 Trottellummen.

Der Tipp für unterwegs

„Pinguin des Nordens", ist mit den echten Pinguinen, die ja nur auf der Südhalbkugel vorkommen, aber nicht verwandt! Brütet in Mitteleuropa nur auf der Nordseeinsel Helgoland.

2 Tordalk
Alca torda

  Jan–Dez

Merkmale Pinguinähnlich wie die Trottellumme (s. o.), im Unterschied zu dieser aber mit stumpf endendem Schnabel, der gut sichtbare, weiße Streifen aufweist. **Lebensweise** Erbeutet tauchend Fische, hauptsächlich Sprotten. Brütet häufig in gemischten Kolonien mit Trottellummen, auf Helgoland nur wenige Paare. **Wissenswertes** Große Brutkolonien existieren auf Island, wo mit 250 000 bis über 500 000 Paaren rund ¾ des europäischen Bestandes brüten, außerdem Brutvogel in der Bretagne, in Irland, Großbritannien, Norwegen und Schweden.

Der Tipp für unterwegs

In Mitteleuropa seltener Hochseevogel, brütet hier nur auf der Nordseeinsel Helgoland und auf der dänischen Ostseeinsel Graesholm.

3 Dreizehenmöwe
Rissa tridactyla

  Jan–Dez

Merkmale Etwa so groß wie die bekannte Lachmöwe (→ S. 122), sehr ähnlich der Sturmmöwe (→ S. 120), von dieser durch Rufe unterschieden und im Flug durch ihre ganz schwarzen Flügelspitzen, die aussehen, als wären sie in ein Tintenfass getunkt worden. **Lebensweise** Hochseevogel, auch in Häfen zu beobachten. Im Frühsommer gemeinsam mit anderen Hochseevögeln wie Trottellumme und Basstölpel auf Vogelfelsen zum Brüten. **Wissenswertes** Größte Brutkolonie Mitteleuropas mit über 8000 Paaren auf Helgoland.

Der Tipp für unterwegs

Brütet auf Vogelfelsen, ruft quäkend „kittiwääh", weshalb sie im Englischen „Kittiwake" heißt: „Das Baby ist wach".

1 Silbermöwe

Larus argentatus

 = Jan–Dez

Merkmale Große, silbergraue Möwe mit kräftigem, gelbem Schnabel, rosafarbenen Beinen und strengem Blick. Junge Silbermöwen sind braun gefleckt, ihr Schnabel ist noch dunkel. **Lebensweise** Brütet auf küstennahen Wiesen, Felsen, Inseln und auch auf Gebäuden. Erbeutet Krebse, Fische und Muscheln, raubt aber auch Eier und Küken. **Wissenswertes** Die Silbermöwe ist sehr anpassungsfähig und in der Lage, flexibel unterschiedlichste Nahrungsquellen zu nutzen. So besucht sie auch regelmäßig Mülldeponien und Schlachthöfe.

Der Tipp für unterwegs

Mächtige, bussardgroße Möwe, an der Küste überall häufig: Folgt Ausflugsdampfern, besucht Strände und Häfen und lässt sich gern füttern.

2 Heringsmöwe

Larus fuscus

 = Jan–Dez

Merkmale So groß wie die überall an der Küste häufige Silbermöwe (s. o.), von der Mantelmöwe (s. u.) durch viel geringere Größe und gelbe Beine unterschieden. **Lebensweise** Meist Koloniebrüter in Dünen, auf küstennahen Wiesen und vorgelagerten Inseln. Taucht aus 10-12 m hohen Suchflügen nach Fischen, folgt auch Fischerkuttern und ergattert deren Beifänge, nimmt notfalls auch Abfälle. **Wissenswertes** Viele Heringsmöwen verbringen den Winter im Nordatlantik, manche ziehen aber auch in Richtung Süden, bis nach Afrika.

Der Tipp für unterwegs

Wie eine dunkle Silbermöwe mit gelben Beinen. Klingt wie eine heisere Silbermöwe.

3 Mantelmöwe

Larus marinus

 > Jan–Dez

Merkmale Größte, europäische Möwe. Durch dunklen Rücken nur mit der (aber deutlich kleineren) Heringsmöwe (s. o.) zu verwechseln. Wichtiges Unterscheidungsmerkmal sind neben der Größe ihre fleischfarbenen Beine. **Lebensweise** Brütet einzeln oder in kleinen Kolonien auf kleinen Inseln, Sandbänken und Stränden. Ernährt sich von Fischen, Muscheln, Eiern, Jungvögeln und auch von Abfällen. **Wissenswertes** Profitiert wie viele Möwenarten von den Abfällen der Hochseefischerei und von der nachlassenden Bejagung. Brütet seit den 1990er-Jahren auch zunehmend in Mitteleuropa.

Der Tipp für unterwegs

Gewaltige, dunkle Möwe, übertrifft noch die Silbermöwe an Größe. Segelt mit wenigen Flügelschlägen, kann aus der Ferne für einen Greifvogel gehalten werden.

1 Brandseeschwalbe

Sterna sandvicensis

🔭 März–Okt

Merkmale Von allen anderen Seeschwalben eindeutig durch struppige Kopfhaube, schwarzen Schnabel mit gelber Spitze und schwarze Beine unterschieden. **Lebensweise** Koloniebrüter auf Sandbänken, ungestörten Sandstränden und Dünen; oft in der Nähe anderer Seeschwalben- oder Möwenkolonien. Stoßtaucher, Hauptbeute sind schlanke Schwarmfische bis zu 15 cm Größe. **Wissenswertes** Im Jahr 1965 kam es zu katastrophalen Bestandseinbrüchen infolge der Biozidverseuchung der Küstengewässer. Seither durch intensive Schutzmaßnahmen kontinuierliche Zunahme.

Der Tipp für unterwegs

Brütet nur in Schutzgebieten. Unverwechselbar: ihre kratzigen „kirr-räck"-Rufe.

2 Küstenseeschwalbe

Sterna paradisaea

🔭 Apr–Okt

Merkmale Lange, schmale Flügel, lange Schwanzspieße und schwarze Kopfkappe. Mit rotem Schnabel und roten Beinen sehr ähnlich der Flussseeschwalbe (→ S. 122) und auch von Fachleuten oft kaum voneinander zu unterscheiden. **Lebensweise** Brütet auf Stränden, in Dünen und auf Salzwiesen. Taucht nach kleinen Fischen. **Wissenswertes** Die nördlichsten Küstenseeschwalben brüten in der Arktis und überwintern in der Antarktis, so kommt es zu den weiten Zugstrecken. Denn Seeschwalben fliegen immer dem jeweiligen Sommerhalbjahr entgegen.

Der Tipp für unterwegs

Hält den Weltrekord im Weitflug: Umfliegt jedes Jahr einmal den ganzen Erdball (ca. 40 000 km). Dazu bräuchte ein Mensch (ohne Brutpause) zu Fuß etwa 4 Jahre.

3 Zwergseeschwalbe

Sterna albifrons

🔭 Apr–Sept

Merkmale Fällt auch ohne direkten Vergleich durch ihre zierliche Gestalt auf. Der gelbe Schnabel und die gelben Beine schließen eine Verwechslung mit anderen Seeschwalben aus. **Lebensweise** Brütet in lockeren Kolonien auf Sandstränden, wo ihre gut getarnten Eier oft versehentlich zertreten werden. **Wissenswertes** Die Jungvögel anderer Seeschwalben-Arten tragen ebenfalls eine weiße Blesse und im Herbst färbt sich auch die Stirn der Altvögel anderer Arten weißlich. Also immer auch auf die Farbe des Schnabels und der Beine achten.

Der Tipp für unterwegs

Kleinste europäische Seeschwalbe, nicht größer als eine Amsel. Typisch: Gelber Schnabel, gelbe Beine und weiße Blesse.

Lebensraum Berge

Je höher hinauf Sie in den Bergen wandern, umso spezieller werden auch Ihre Vogelbeobachtungen. So treffen Sie in Bergwäldern statt Amsel, Eichelhäher und Buntspecht Arten wie Ringdrossel, Tannenhäher und Dreizehenspecht, daneben Zitronengirlitz und Birkenzeisig. Oberhalb der Baumgrenze schließlich leben typische Hochgebirgsarten wie Alpenbraunelle, Mauerläufer und Alpendohlen, die möglicherweise schon auf die Reste Ihres Picknicks spekulieren. Mit etwas Glück kreisen dabei Steinadler oder ein Bartgeier um den Gipfel.

1 Alpenschneehuhn
Lagopus muta

 Jan–Dez

Merkmale Im Sommer braun getüpfelt, im Herbst und Frühjahr (**1a**) mit weißen Flecken und im Winter (**1b**) ganz weiß. Typisch für Schneehühner: ihre stark befiederten Beine und Füße; die schützen sie vor der Kälte. **Lebensweise** In Mitteleuropa nur in den Alpen. Ernährt sich hauptsächlich von Knospen, Blättern und Beeren. Baut sein Bodennest zwischen Felsen und Zwergsträuchern. **Wissenswertes** Nur die Flügel sind das ganze Jahr hindurch schneeweiß, wodurch die Hühner im Flug sehr auffallen.

Der Tipp für unterwegs

Praktisch unsichtbar zwischen Fels und Schneefeldern. Verlässt sich auf seine Tarnung und kann deshalb oft aus nächster Nähe beobachtet werden.

2 Auerhuhn
Tetrao urogallus

 Jan–Dez

Merkmale So groß wie eine Graugans. Männchen (**2a**) schwarzbraun, Weibchen (**2b**) tarnfarben mit orangefarbener Brust. **Lebensweise** Braucht ungestörte, naturnahe und abwechslungsreiche Nadel- und Mischwälder und zählt deshalb in Mitteleuropa mittlerweile zu den besonders gefährdeten Brutvögeln. Lebt hauptsächlich von Knospen, Blättern, Beeren und im Winter von Kiefernnadeln. **Wissenswertes** Berühmt durch „Balzarenen" im Wald, wo sich die Männchen bereits ab März im Mondschein mit mächtigem Imponiergehabe gegenseitig anglucksen.

Der Tipp für unterwegs

Mächtiges, seltenes Waldhuhn. Macht gehörigen Krach beim Auffliegen und kann Wanderer damit erschrecken.

3 Birkhuhn
Tetrao tetrix

 Jan–Dez

Merkmale Stockentengroß; Männchen mit schwarzschillerndem Gefieder, Weibchen tarnfarben. **Lebensweise** Braucht haboffene, abwechslungsreiche Landschaften mit vielfältigem Pflanzenbewuchs. Ernährt sich von frischen Pflanzentrieben, Knospen, Blättern und Beeren, die Küken fast nur von Insekten. **Wissenswertes** Früher brüteten Birkhühner bei uns auch überall im Flachland in Mooren und Heiden. Die „Urbarmachung" dieser Biotope und ihre Zerstückelung haben das schöne Huhn leider verschwinden lassen, sodass es heute in Mitteleuropa fast ausschließlich in den Alpen überlebt hat.

Der Tipp für unterwegs

Wie ein kleines Auerhuhn (s. o.). Gefährdeter Brutvogel Europas; leidet unter der immer weiter fortschreitenden Erschließung seiner Lebensräume für den Wintersport.

1 Bartgeier
Gypaetus barbatus

 🔭 Jan–Dez

Merkmale Noch größer als ein Steinadler (s. u.) mit einer Flügelspannweite bis zu 2,82 m, rostbraunem Körper und mächtigem Geier-Hakenschnabel. **Lebensweise** Ernährt sich von Aas und frisst sogar größere Knochen, die er aus großer Höhe fallen lässt, damit sie zersplittern. Brütet an steilen Felsabstürzen. **Wissenswertes** Bestände in Mitteleuropa waren durch Bejagung und Nahrungsknappheit komplett erloschen. Durch Aussetzung von mittlerweile rund 100 Bartgeiern brüten heute wieder mehrere Paare in den Alpen, die aber streng geschützt und betreut werden müssen.

Der Tipp für unterwegs

In Mitteleuropa selten. Segelt fast ohne Flügelschlag an Steilhängen entlang. Kennzeichnend im Flug: der lange, keilförmige Schwanz.

2 Steinadler
Aquila chrysaetos

 🔭 Jan–Dez

Merkmale Dunkelbrauner Adler mit goldgelbem Scheitel und Nacken, worauf sich sein wissenschaftlicher Name bezieht (griech. chrysos = Gold, aetos = Adler). Jungvögel mit weißem Schwanz und weißen Flügelflecken. **Lebensweise** Brütet an steilen Felswänden und jagt hauptsächlich Hasen, Murmeltiere und Schneehühner. **Wissenswertes** Steinadler bleiben lebenslang zusammen und verteidigen ihr Revier das ganze Jahr über gegen andere Steinadler. Ein Steinadler-Revier umfasst in Mitteleuropa zwischen 20 und 80 km².

Der Tipp für unterwegs

Mit einer Flügelspannweite bis zu 2,30 m (Mäusebussard: bis zu etwa 1,30 m) ein mächtiger Segler am Berghimmel.

3 Wanderfalke
Falco peregrinus

 🔭 Jan–Dez

Merkmale Rücken blaugrau, Brust und Bauch hell mit dunklen Flecken. Aus der Nähe fällt der dunkle Kopf mit dem schwarzen Backenbart auf. **Lebensweise** Reiner Vogeljäger; brütet an Steilwänden im Gebirge, aber auch im Flachland auf Bäumen. Im Herbst und Winter auch regelmäßig auf Zugvogeljagd an der Meeresküste. **Wissenswertes** In den 1960er- und 1970er-Jahren brachen europaweit die Bestände zusammen. Ursache war das Insektengift DDT, das sich über Kleinvögel schließlich auch im Wanderfalken anreicherte und seine Eierschalen dünn werden ließ.

Der Tipp für unterwegs

Bewohnt neuerdings auch Großstädte, wo er nachts im Scheinwerferlicht angestrahlter Gebäude erfolgreich Zugvögel und Fledermäuse jagt.

1 Alpensegler

Apus melba

  Apr–Okt

Merkmale Saust durch die Lüfte wie ein dunkler Bumerang (**1a**). Im Unterschied zum sehr ähnlichen Mauersegler (→ S. 174) mit weißem Bauch und weißer Kehle. **Lebensweise** Brutvogel an steilen Felswänden und an Gebäuden; brütet in kleinen Kolonien in Fels- oder Mauernischen und jagt fast pausenlos Fluginsekten. **Wissenswertes** Während der Alpensegler in Österreich und in der Schweiz seine nördliche Verbreitungsgrenze hat (wenige kleine Kolonien auch in süddeutschen Städten), brütet der Mauersegler bis hoch in Skandinavien und östlich bis in die Mongolei.

Der Tipp für unterwegs

Nur im südlichen Mitteleuropa und hier nicht nur im Gebirge, sondern auch in größeren Städten, die er als „Ersatzfelsen" nutzt. Typisch: Seine Flugtriller „tritritririri...".

2 Dreizehenspecht

Picoides tridactylus

  Jan–Dez

Merkmale Kleiner als der bekannte Buntspecht und ohne Rot im Gefieder; wirkt recht dunkel und „farblos". **Lebensweise** Eng an naturnahe Nadelwälder gebunden, wo er Käferlarven und -puppen unter der Rinde hervorstochert. Hackt ringförmige Spuren in Fichtenstämme („Ringeln") und trinkt die dort austretenden Baumsäfte. **Wissenswertes** Sein Hauptverbreitungsgebiet in Europa sind die skandinavischen Nadelwälder. In Mitteleuropa nur in höheren Mittelgebirgslagen, in den polnischen Karpaten und in den Alpen.

Der Tipp für unterwegs

Typische Spur: „geringelte" Fichten. Holzkäferspezialist, der in zu arg aufgeräumten Fichtenwäldern verhungert.

3 Felsenschwalbe

Ptyonoprogne rupestris

  März–Okt

Merkmale Im Gegensatz zu allen anderen Schwalben einheitlich schlicht braun und mit kaum gegabeltem Schwanz. **Lebensweise** Brütet und jagt in kleinen Kolonien an warmen, sonnigen Felswänden in Gewässernähe; zunehmend aber auch in städtischen Bereichen in Nachbarschaft von Mehlschwalben. **Wissenswertes** Im Mittelmeerraum brütende Felsenschwalben sind Standvögel, d. h., sie bleiben auch im Winter in ihren Brutgebieten. Auch unter den Alpenbrütern gibt es immer wieder Überwinterungsversuche.

Der Tipp für unterwegs

Schwalbe ohne Schwanzspieße. Südlich verbreitete Schwalbe, die in den bayrischen Alpen zur Zeit ihre nördliche Verbreitungsgrenze erreicht.

1 Alpendohle
Pyrrhocorax graculus

 🔭 Jan–Dez

Merkmale Unverwechselbar durch Kombination aus schwarzglänzendem Gefieder und relativ feinem, leuchtend gelbem Schnabel. **Lebensweise** Bewohnt Hochgebirge oberhalb der Baumgrenze. Brütet an unzugänglichen Steilwänden, aber auch an Gebäuden. Lebt im Sommer von Insekten, Schnecken, Würmern und Aas, im Winter von Knospen, Beeren, Flechten und Abfällen. **Wissenswertes** Alpendohlen haben sich vielerorts dem Menschen eng angeschlossen und profitieren von den Essensresten auf Schulhöfen, Berghütten und Seilbahnstationen.

Der Tipp für unterwegs

Im Unterschied zu allen anderen Krähenvögeln mit gelbem Schnabel und orangeroten Beinen und Füßen. Verspielt und oft wenig scheu; profitiert vom Wintersportrummel.

2 Alpenkrähe
Pyrrhocorax pyrrhocorax

  🔭 Jan–Dez

Merkmale Schöne Krähe mit lackrotem Schnabel, Beinen und Füßen. **Lebensweise** Sucht ihre Nahrung auf natürlichen Magerwiesen des Berglandes. Verlor mit dem Rückgang des Wanderhirtentums, der Düngung und Verdichtung des Bodens oder dem Umbrechen in Ackerland vielerorts ihre Nahrungsgrundlage. **Wissenswertes** Junge Alpenkrähen mit noch nicht ausgefärbtem, gelblichem Schnabel können evtl. mit der Alpendohle (s. o.) verwechselt werden. Doch ist ihr Gefieder noch mattschwarz und die Eltern sind auch meist nicht weit.

Der Tipp für unterwegs

Mit langem, abwärts gebogenem Schnabel. Seltener Brutvogel Mitteleuropas; nur noch ein Restbestand von 40–60 Brutpaaren in der Schweiz.

3 Tannenhäher
Nucifraga caryocatactes

= 🔭 Jan–Dez

Merkmale Dunkler Krähenvogel; aus der Nähe fallen die zahlreichen, weißen Tupfen auf seinem Gefieder auf. **Lebensweise** In Mitteleuropa Brutvogel in den Alpen und fichtenreichen Mittelgebirgen. Nahrungsspezialist, der zum Überwintern entweder die großen Samen aus den Zapfen der Zirbelkiefer braucht oder aber Fichtensamen in Kombination mit Haselnüssen. **Wissenswertes** Tannenhäher legen im Herbst unterirdische Vorratskammern an, in denen sie bis zu 100 000 Samen verstecken. Diese Lager finden sie im Winter tatsächlich auch unter einer dicken Schneedecke wieder.

Der Tipp für unterwegs

Im Herbst und Winter trifft man Tannenhäher auch in Ortschaften, wo sie nach Haselnüssen suchen.

1 Ringdrossel

Turdus torquatus

 =  🔭 März–Okt

Merkmale Wie bei unserer Amsel Männchen schwarz, Weibchen braun, aber beide mit auffälligem, weißem Brustband (fehlt noch bei den Jungvögeln). **Lebensweise** Brütet in Nadel- und Mischwäldern, die aber durch Lichtungen, Blockfelder oder Wiesen aufgelockert sein müssen, denn hier sucht die Ringdrossel nach Regenwürmern, Insekten und deren Larven. Ab Spätsommer sind Früchte wie Wacholder, Heidelbeere oder Holunder eine wichtige Nahrungsergänzung. **Wissenswertes** Sitzt oft exponiert auf Felsen.

Der Tipp für unterwegs

Amsel mit weißem Latz; bei uns nur in den Bergen und auf dem Durchzug; in Skandinavien und Großbritannien auch in Mooren und Heiden.

2 Steinrötel

Monticola saxatilis

 < 🔭 Apr–Okt

Merkmale Männchen im Prachtkleid (**2a**) prächtig bunt: mit blauem Kopf, orangerotem Bauch und weißem Rückenfleck. Weibchen (**2b**) schlichtbraun marmoriert, wie eine kleine Amsel mit rostrotem Schwanz. **Lebensweise** In sonnigen Felslandschaften mit hohem Anteil an kurzrasiger Vegetation, wo er nach Raupen, Schnecken und Käfern sucht. Baut sein Bodennest an schwer zugänglichen Stellen zwischen Felsen. **Wissenswertes** Langstreckenzieher, der südlich der Sahara überwintert. Kehrt jedes Jahr an denselben Brutplatz zurück.

Der Tipp für unterwegs

Trotz bunter Färbung ist der aus Felswänden flötende Steinrötel oft nur schwierig auszumachen.

3 Hausrotschwanz

Phoenicurus ochruros

 <  🔭 Apr–Okt

Merkmale Männchen im Prachtkleid (**3a**) schwärzlich mit im Flug auffallendem, weißem Flügelfeld und rostrotem Schwanz, Weibchen sanft braun mit rostrotem Schwanz (**3b**). **Lebensweise** Brutvogel an sonnigen Felslebensräumen, nutzt aber auch Häuser inmitten von Großstädten als Ersatzfelsen. Jagt Spinnen und Insekten, ab Spätsommer sind Früchte eine wichtige Nahrungsergänzung. **Wissenswertes** Ursprüngliche Neststandorte sind kleine Felsnischen, doch an Gebäuden brütet der Hausrotschwanz auch auf Balken unter Dachüberständen, in Holzstößen oder an Satellitenschüsseln.

Der Tipp für unterwegs

Reißender, knisternder Gesang in der Dämmerung. „Rußig" mit ständig zitterndem, rostrotem Schwanz.

1

2a 2b

3a 3b

1 Mauerläufer

Tichodroma muraria

 Jan–Dez

Merkmale Wirkt tropisch mit seinem langen, abwärts gebogenen Schnabel und den schmetterlingsartigen, bunten Flügeln. **Lebensweise** Brütet in Felswänden, mitunter auch an Schlössern oder Ruinen. Flattert hier dicht an Wänden und Mauern entlang, wobei er Ritzen und Spalten nach Insekten und Spinnen absucht. Im Winter trifft man ihn gelegentlich auch im Tiefland an. **Wissenswertes** Muss mittlerweile mit allzu vielen menschlichen Kletterern um gute Felswände konkurrieren. Zur Sicherung des recht kleinen, mitteleuropäischen Bestandes sollten sensible Gebiete dringend gesperrt werden.

Der Tipp für unterwegs

Die „Fliegende Alpenrose" ist ein Freeclimber an steilen Felswänden. Unverwechselbar grauschwarz-rot mit weißen Punkten auf den Flügeln.

2 Alpenbraunelle

Prunella collaris

  Jan–Dez

Merkmale Die Kombination aus feinem Insektenfresser-Schnabel, recht kräftiger Gestalt und bei näherer Betrachtung doch recht bunter Zeichnung schließen eine Verwechslung eigentlich aus. **Lebensweise** Brutvogel in felsigem Gelände mit lückiger, kurzrasiger Vegetation, meist oberhalb der Baumgrenze. Hüpft am Boden umher und pickt nach Insekten, Samen oder Beeren. **Wissenswertes** Schwesterart der im Flachland brütenden Heckenbraunelle (→ S. 42). Singt feldlerchenartig anhaltend melodisch und trillernd.

Der Tipp für unterwegs

Lerchenartig mit rostbraunen Flanken und dunklem Flügelfeld. Brütet in Mitteleuropa nur inselartig in Hochgebirgsregionen.

3 Schneesperling

Montifringilla nivalis

  Jan–Dez

Merkmale Im Sitzen unscheinbarer Sperling, im Flug fallen große weiße Felder auf Flügeln und Schwanz auf, die ihn unverwechselbar machen. **Lebensweise** Lebt da, wo es anderen Sperlingen zu kalt und ungemütlich ist: Auf Bergwiesen zwischen Schneefeldern und Geröll. Brütet in Fels- und Mauerspalten, ernährt sich von Sämereien und Insekten. **Wissenswertes** Auch an Seilbahnstationen und an Berghütten halten sich oftmals Trupps von Schneesperlingen auf und im Winter besuchen sie gern Fütterungen.

Der Tipp für unterwegs

Der Spatz, der zwischen Baumgrenze und dem ewigen Schnee lebt.

1 Bergpieper
Anthus spinoletta

  Jan–Dez

Merkmale Erinnert in Gestalt und Körperhaltung an eine schlicht gefärbte Stelze. **Lebensweise** Brütet bevorzugt auf kurzrasigen Wiesen an Nord- und Westhängen zwischen Baumgrenze und ewigem Schnee. Sitzt oft exponiert auf Felsen, erbeutet Insekten und Spinnen. **Wissenswertes** Im Winter kann man Bergpieper ganz regelmäßig an Fluss- und Seeufern in Flachländern nördlich der Alpen bis hinauf an die Nordseeküste beobachten; hierhin fliehen die Vögel vor dem schneereichen Winter im Hochgebirge.

Der Tipp für unterwegs

Im Gegensatz zu Wiesen- und Baumpieper (→ S. 84) immer mit dunklen Beinen. Aufgescheucht steigt er schon von weitem mit einem scharfen „Mist!" in die Luft.

2 Zitronenzeisig
Carduelis citrinella

  Jan–Dez

Merkmale Wie ein zierlicher Grünfink (→ S. 46), aber mit feinerem Schnabel, niedlichem Gesichtsausdruck, mausgrauem Nacken und ohne das leuchtend gelbe Flügelfeld des Grünfinks. Weibchen schlichter gefärbt. **Lebensweise** In lichten Nadelwäldern oberhalb 1000 m Höhe, wo er meist auf Fichten brütet. Sucht aber überwiegend auf angrenzenden Wiesen nach Sämereien und Insekten. Im Winter stellen Kiefersamen seine Hauptnahrung. **Wissenswertes** Nach der Brutzeit oft in Trupps oberhalb der Baumgrenze an Berghütten und Skipisten.

Der Tipp für unterwegs

Meist wird man durch seine metallischen Rufe „dit...dit" auf ihn aufmerksam. Braucht vielfältige, ungedüngte Bergwiesen.

3 Birkenzeisig
Carduelis flammea

  Jan–Dez

Merkmale Kaum größer als eine Blaumeise mit typischem „Zeisigschnabel": Kurz, kegelförmig und spitz. **Lebensweise** In lichten Nadelwäldern oberhalb 1000 m Höhe mit angrenzenden Wiesen oder Weiden. Ernährt sich hauptsächlich von Samen, die er auf Bäumen (Fichte, Kiefer, Birke, Pappel) oder Gräsern und Kräutern (Mädesüß, Ampfer) findet. Nimmt auch Insekten als Zusatzkost. **Wissenswertes** Brütet in Mitteleuropa nicht nur im Gebirge, sondern auch in Mooren sowie auf Friedhöfen, in Parks und sogar in Gärten. Ab Oktober fliegen in Mitteleuropa nahrungssuchende Birkenzeisige aus dem Norden ein.

Der Tipp für unterwegs

Sieht mit dem blutroten Brust- und Stirnfleck auf den ersten Blick aus wie verletzt. Turnt meisenartig auf Bäumen herum.

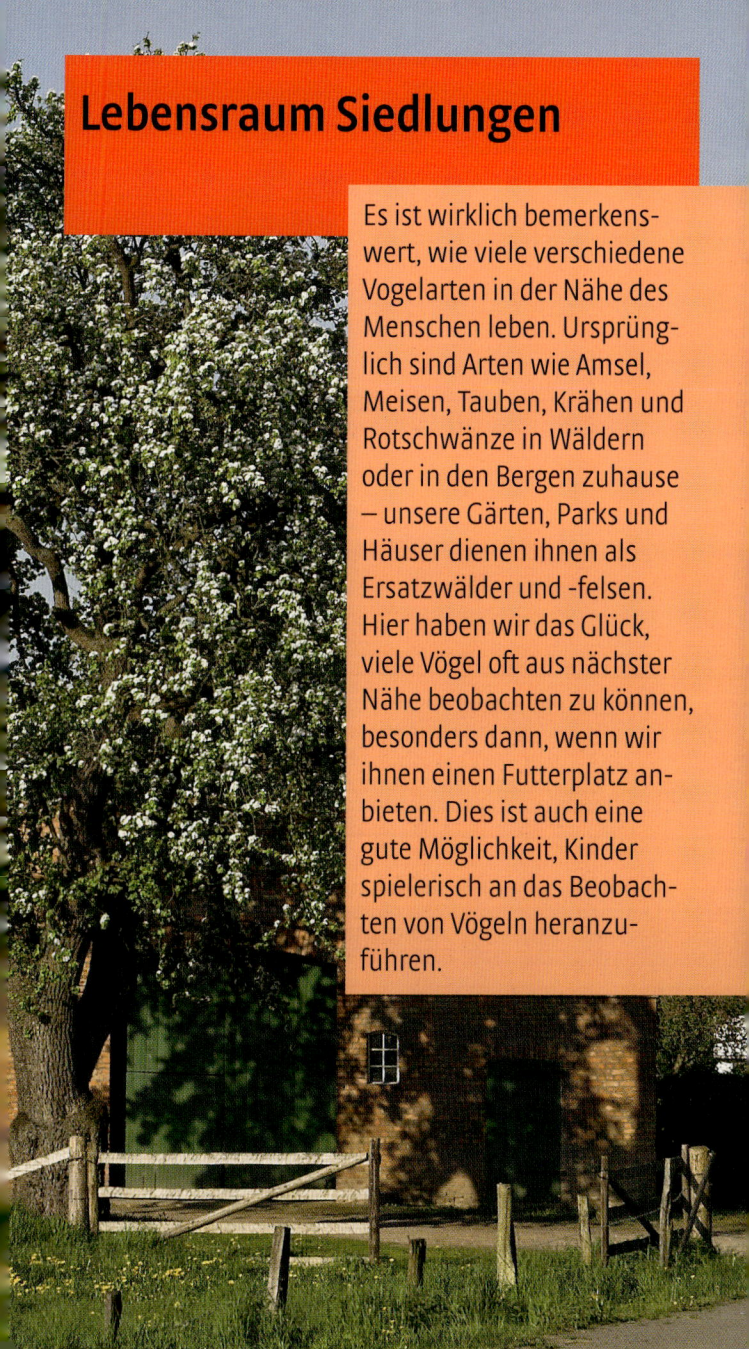

Lebensraum Siedlungen

Es ist wirklich bemerkens-
wert, wie viele verschiedene
Vogelarten in der Nähe des
Menschen leben. Ursprüng-
lich sind Arten wie Amsel,
Meisen, Tauben, Krähen und
Rotschwänze in Wäldern
oder in den Bergen zuhause
– unsere Gärten, Parks und
Häuser dienen ihnen als
Ersatzwälder und -felsen.
Hier haben wir das Glück,
viele Vögel oft aus nächster
Nähe beobachten zu können,
besonders dann, wenn wir
ihnen einen Futterplatz an-
bieten. Dies ist auch eine
gute Möglichkeit, Kinder
spielerisch an das Beobachten von Vögeln heranzu-
führen.

1 Weißstorch (→ S. 52)
Ciconia ciconia
Baut sein mächtiges Nest auf Dächern, Kirchtürmen oder Masten. In sogenannten „Storchendörfern" kann man Alt- und Jungvögel aus nächster Nähe beobachten.

2 Turmfalke (→ S. 56)
Falco tinnunculus
Brütet inmitten von Großstädten an Kirchtürmen und anderen hohen Gebäuden mit Nischen für sein Nest. Fällt hier durch hohe Rufreihen „kiki-kiki ..." auf.

3 Ringeltaube (→ S. 12)
Columba palumbus
Kräftige Waldtaube, die sich nicht selten unter Straßentauben mischt. Von diesen durch Größe, Halsringel und die weißen Flügelfelder (im Flug gut sichtbar) gut zu unterscheiden.

4 Straßentaube (→ S. 12)
Columba livia f. domestica
Abkömmling der wilden Felsentaube *Columba livia*, die an Felsklippen brütet. Straßentauben sind sehr variabel gefärbt, von Blaugrau über Braun und Schwarz bis zu ganz Weiß.

5 Türkentaube (→ S. 62)

Streptopelia decaocto
Wildtaube, die bis 1930 nur im Orient zuhause war und heute schon fast ganz Europa besiedelt. Kleiner als Straßentaube und mit rosafarbenem Überflug.

6 Schleiereule (→ S. 64)

Tyto alba
Früher hatte jedes Dorf bei uns seine Schleiereule. Verlor durch Modernisierung von Scheunen und Kirchtürmen viele Brutplätze; Wiederansiedlung durch spezielle Nistkästen möglich.

7 Mauersegler (→ S. 162)

Apus apus
Keine Schwalbe! Typischer Großstadtbewohner; jagt wie ein Bumerang mit schrillen Schreien durch Häuserschluchten und nutzt hohe Gebäude als Ersatzfelsen zum Brüten.

8 Buntspecht (→ S. 20)

Dendrocopos major
Unser häufigster Specht; brütet auch in Parks und Gärten mit altem Baumbestand. Besucht im Winter gerne und regelmäßig Vogelfütterungen.

1 Eichelhäher (→ S. 22)
Garrulus glandarius
Im Sommer recht scheuer Waldbewohner; besucht aber nach der Brutzeit regelmäßig Parks, Friedhöfe und Gärten, wo er Eicheln als Wintervorrat sammelt.

2 Elster (→ S. 68)
Pica pica
Brütet mit zunehmender Ausräumung unserer Landschaft vermehrt in Parks, Gärten und auf Straßenbäumen. Ernährt sich besonders im Winter auch von Abfall und Aas.

3 Dohle (→ S. 70)
Coloeus monedula
Nutzt nischenreiche Gebäude in Großstädten als Ersatz-Felswände zum Brüten. Im Winter sieht man Dohlenschwärme auch an Müllkippen nach genießbaren Abfällen suchen.

4 Rabenkrähe (→ S. 70)
Corvus corone
Brütet seit einigen Jahren auch in Stadtparks und Gärten und sucht sogar im Innenstadtbereich nach Nahrung. Im Frühjahr oft in lärmenden Schwärmen.

5 Saatkrähe (→ S. 70)
Corvus frugilegus
Der größte Teil unserer Saatkrähen brütet heute in Städten, wo ihre Kolonien auf Bäumen sofort auffallen. Wichtiger Regulator von Schadinsekten.

6 Rauchschwalbe (→ S. 74)
Hirundo rustica
Mit langen Schwanzspießen und roter Kehle. Klebt ihre Lehmnester im Gegensatz zur Mehlschwalbe meist in Viehställe.

7 Mehlschwalbe (→ S. 74)
Delichon urbicum
Mit weißem Bauch und weißem Bürzel. Baut ihre Lehmnester außen an Gebäude, selbst an Tankstellen und mitten in Großstädten.

8 Schwanzmeise (→ S. 28)
Aegithalos caudatus
Brutvogel in Parks, auf Friedhöfen und in Gärten. Fällt durch ihre anhaltenden, schnirpsenden Rufe auf und durch den extrem langen Schwanz.

1 Weidenmeise (→ S. 26)

Parus montanus
Seltener in Gärten als die ähnliche
Sumpfmeise. Erscheint an Fütterungen nur, wenn diese in der Nähe von
größeren Waldgebieten oder Fluss-
auen liegen.

2 Sumpfmeise (→ S. 26)

Parus palustris
Brütet entgegen ihrem Namen nicht
im Sumpf, sondern in Wäldern und
auch in Gärten mit ausreichend
Büschen und Bäumen. Im Winter
regelmäßig am Futterhaus.

3 Blaumeise (→ S. 24)

Parus caeruleus
Ganzjährig häufig in Parks und Gärten,
wo ihr Vorkommen wesentlich vom
Angebot geeigneter Nistkästen
bestimmt wird. Lässt sich leicht ans
Futterhaus locken.

4 Kohlmeise (→ S. 24)

Parus major
Brütet sogar in Großstadtzentren
und Neubaugebieten mit noch weit-
gehend fehlendem Baumbestand.
Nimmt gern Fettfuttergemische und
Sonnenblumenkerne.

5 Zilpzalp (→ S. 30)
Phylloscopus collybita
Ein häufiger und dennoch nicht sehr bekannter Garten- und Parkbewohner, was wohl an seinem schlichten Äußeren liegt. Singt ausdauernd seinen Namen: „Zilp-zalp!"

6 Klappergrasmücke (→ S. 78)
Sylvia curruca
Brütet auf Friedhöfen, in Gartenstädten und in Kleingärten. Typisch ist ihr aus meist dichtem Gebüsch vorgetragener, klappernder Gesang.

7 Mönchsgrasmücke
(→ S. 28)
Sylvia atricapilla
Häufigste Grasmücke mit laut flötendem Lied, das vom weniger geübten Ohr mit dem Gesang der Amsel verwechselt werden kann.

8 Seidenschwanz
Bombycilla garrulus
Wintergäste aus dem hohen Norden. Tauchen aber nur unregelmäßig in Mitteleuropa auf („Invasionsvögel"). In Parks und Gärten, wo sie wenig Scheu zeigen.

1 Kleiber (→ S. 32)

Sitta europaea
Immer an Stämmen älterer Bäume,
auch in Gärten und Parks. Läuft pausenlos am Baumstamm rauf und run-
ter (auch „kopfüber") und pickt dabei
Insekten aus Rindenritzen.

2 Gartenbaumläufer
(→ S. 32)

Certhia brachydactyla
Gut getarnt an Stämmen älterer
Laubbäume, die er hüpfend
erklimmt. Oben angekommen, fliegt
er zum Fuß des nächsten Baumes.

3 Zaunkönig (→ S. 34)

Troglodytes troglodytes
Mausartig klein, meist in Wassernähe.
Besonders im Winter häufig an Schup-
pen und Häusern, wo er frostsichere
Nachtquartiere sucht. Singt auch im
Winter.

4 Star (→ S. 34)

Sturnus vulgaris
Lässt sich durch Staren-Nistkasten
leicht in den Garten locken. Nach der
Brutzeit in großen Schwärmen, die
sich bei Obstgartenbesitzern unbe-
liebt machen.

5 Amsel (→ S. 36)
Turdus merula
Singt in der Morgendämmerung von fast jedem Hausdach, dann liegt der flötende Amselgesang wie ein klingender Teppich über verschlafenen Siedlungen.

6 Singdrossel (→ S. 36)
Turdus philomelos
Brütet seltener im Siedlungsbereich als die überall häufige Amsel. Gern da, wo es Nadelbäume gibt; so hört man ihr „Kuhdieb! Kuhdieb!" oft auf Friedhöfen.

7 Wacholderdrossel (→ S. 36)
Turdus pilaris
Meist in lärmenden Schwärmen, die auf Grünländereien nach Regenwürmern suchen. Im Herbst gerne an Stellen mit viel Fallobst.

8 Heckenbraunelle (→ S. 42)
Prunella modularis
Fällt meist dadurch auf, dass sie exponiert oben auf einer Buschspitze sitzt und silberhell singt. Besonders gern auf der Spitze junger Fichten.

1 Grauschnäpper (→ S. 38)
Muscicapa striata
Schlicht grau mit sehr feinem Schnabel. Typisch: Fliegt von erhöhter Sitzwarte los, schnappt sich ein Insekt aus der Luft und landet wieder an demselben Platz.

2 Trauerschnäpper (→ S. 38)
Ficedula hypoleuca
Braucht zum Brüten Höhlen, die in unseren Wäldern aber Mangelware sind. So kommt der Trauerschnäpper auch in Gärten und brütet in Nistkästen.

3 Rotkehlchen (→ S. 42)
Erithacus rubecula
Ganzjährig in unterholzreichen Gärten anzutreffen. Im Winter sieht man es eher unter als im Vogelhaus sitzen – Rotkehlchen suchen ihre Nahrung lieber am Boden!

4 Nachtigall (→ S. 40)
Luscinia megarhynchos
Wer „unaufgeräumte" Gartenecken mit viel Gestrüpp duldet, wird vielleicht mit einer Nachtigall belohnt. Ihr nächtlicher Gesang ist einfach phänomenal.

5 Gartenrotschwanz
(→ S. 40)
Phoenicurus phoenicurus
Brütet gern in Obstgärten. Wo natürliche Baumhöhlen fehlen, helfen Nistkästen – aber bitte erst nach dem 25. April aufhängen, wenn er aus Afrika zurückgekehrt ist!

6 Hausrotschwanz (→ S. 166)
Phoenicurus ochruros
Inmitten von Städten hört man seinen eigenartigen, rauen und knisternden Gesang noch vor Sonnenaufgang. Dabei sitzt er gern ganz oben auf Dachfirsten.

7 Feldsperling (→ S. 82)
Passer montanus
Meist scheuer als Haussperling. Brütet gern in Nistkästen oder in alten Schwalbennestern am Haus. Im Winter in Trupps an Futterplätzen, die sie schnell leerräumen.

8 Haussperling (→ S. 82)
Passer domesticus
Wenig scheu und frech, meist in Trupps. Häufig in Städten, wo sie geduldig auf die übrigen Krümel von Cafébesuchern warten.

1 Bachstelze (→ S. 130)
Motacilla alba
Ursprünglich wirklich an Bächen zuhause. Doch die Bachstelze ist so anpassungsfähig, dass sie heute auch inmitten von Städten erfolgreich brütet.

2 Buchfink (→ S. 44)
Fringilla coelebs
Seinen schmetternden Gesang hört man selbst noch beim Stadtbummel – Buchfinken sind praktisch überall, wo ein Baum steht.

3 Kernbeißer (→ S. 44)
Coccothraustes coccothraustes
Der versteckt lebende Kernbeißer fällt am ehesten im Winter am Futterhaus auf: Hier erkennt man ihn sofort an seinem mächtigen Schnabel.

4 Gimpel (→ S. 42)
Pyrrhula pyrrhula
Brütet regelmäßig in Parks und Gärten, wo er mit seinem sanften Wesen und dem weichen, pfeifenden Gesang aber tatsächlich häufig übersehen wird.

5 **Girlitz** (→ S. 86)
Serinus serinus
Quietscht wie ein alter Kinderwagen
aus Baumkronen. Brütet gern in ver-
streut stehenden Nadelbäumen im
Siedlungsbereich, in Alleen und Obstgärten.

6 **Grünfink** (→ S. 46)
Carduelis chloris
Recht plump und auffällig; im Flug fällt
das leuchtend gelbe Flügelfeld auf.
Ruft häufig rollend „Grrüüüü"; singt
bereits ab Februar.

7 **Erlenzeisig** (→ S. 46)
Carduelis spinus
Sehr gesellig, meist in Wassernähe,
auch direkt in Siedlungen. Typisch: Turnen geschickt an äußersten Zweigen
herum, wobei sie pausenlos schwät-
zen.

8 **Bluthänfling** (→ S. 88)
Carduelis cannabina
In Gärten und Parks, die an offene Flächen angrenzen. Im Winter oft in
gemischten Schwärmen mit anderen
Finken; gelegentlich am Futterhaus zu
beobachten.

BILDNACHWEIS/IMPRESSUM

Bethge/Hecker 11.3; 35.3; 55.2; 55.3; 57.3; 63.2; 149.3b; 161.2; 165.2; 171.3; **Blickwinkel/Delpho** 178.1; **Blickwinkel/Hicken** 31.1; **Blickwinkel/Hoefer** 19.3; **Blickwinkel/Huetter** 155.1; **Blickwinkel/Janssen** 182.2; **Blickwinkel/Linke** 21.2; **Blickwinkel/McPhoto** 23.1; 69.2; 143.3a; **Blickwinkel/Skrypzak** 149.3a; **Blickwinkel/Woike** 75.2; 89.1; 143.3b; 171.2; 185.5; **Buchhorn/Hecker** 6; 17.1; 17.2; 33.2; 65.1; 77.2; 79.3; 87.3; 91.1; 111.1; 111.3; 113.2; 115.3; 185.8; **Diedrich** 11.2a; **Forsman/Limbrunner** 163.2; **Halley** 161.1; **Hecker** 2/3; 7; 8/9; 11.2b; 21.1a; 21.1b; 23.2; 23.3; 25.1; 25.2; 27 alle; 29.1; 29.2a; 29.2b; 31.2; 31.3; 33.1; 33.3; 35.1; 37.1; 37.3; 39.1; 41.2; 41.3a; 41.3b; 43.1; 43.2; 45.1; 45.3; 47.1; 47.3a; 47.3b; 48/49; 51.1; 51.2b; 53.1; 53.3a; 53.3b; 55.1; 57.1; 59.2; 61.1; 61.3; 63.1; 63.3; 65.2; 65.3; 67.1; 67.2; 69.1; 69.3; 71 alle; 73 alle; 75.1; 75.3; 77.1; 77.3; 79.1; 79.2; 81 alle; 83 alle; 85.1; 85.3; 87.1; 87.2; 89.2; 89.3a; 89.3b; 91.2; 91.3; 92/93; 95 alle; 97 alle; 99.1; 99.2; 101.2; 101.3; 103 alle; 105 alle; 107 alle; 109 alle; 111.2; 113.1; 113.3; 119.1; 119.2; 119.3; 121.1; 121.3; 123.1; 123.3; 125.1; 125.3; 127.3; 129.2; 129.3; 131 alle; 132/133; 135.2; 135.3; 137.2a; 137.2b; 137.3a; 137.3b; 139.2; 139.3; 141 alle; 143.1; 143.2; 145.1; 147.1a; 147.1b; 147.2a; 147.2b; 149.1; 149.2b; 151 alle; 153 alle; 155.2; 155.3; 156/157; 159.1a; 159.2b; 165.1; 165.3; 167.2b; 167.3a; 167.3b; 169.3; 171.1; 172/173; 174.1; 174.2; 174.4; 175.5; 175.8; 176.1; 176.2; 176.3; 177.5; 177.6; 178.2; 178.3; 178.4; 179.5; 179.6; 179.7; 179.8; 180 alle; 181.5; 181.7; 181.8; 182.1; 182.3; 182.4; 183.5; 183.7; 183.8; 184.1; 184.2; 184.3; 185.6; 185.7; **Höfer** 53.2a; **Hortig/Limbrunner** 15.1; 21.3; 29.3; 39.3; **Hüttenmooser/Limbrunner** 169.1; **Limbrunner** 13.2; 15.2; 17.3; 19.1; 19.2; 25.3; 41.1; 53.2b; 57.2; 59.1; 115.1; 115.2a; 115.2b; 117.2; 117.3; 123.2; 125.2; 127.1a; 127.1b; 127.2; 139.1; 159.1b; 163.1a; 163.1b; 163.3; 167.1; 169.2; 175.6; **Marquez/Silvestris** 161.1; **Mestel/Hecker** 11.1; 13.1; 13.3; 35.2; 37.2; 39.2; 43.3a; 43.3b; 45.2; 47.2; 51.2a; 51.3; 61.2; 85.2; 101.1; 117.1; 121.2; 129.1; 137.1a; 145.2; 145.3; 149.2a; 159.2a; 159.3; 161.3; 174.3; 177.8; 184.4; **Sauer/Hecker** 15.3; 59.3; 67.3; 99.3; 135.1; 137.1b; 147.3; 175.7; **Schmidt/Limbrunner** 167.2a; **Zeininger** 181.6; 183.6; **Ziesler** 177.7

Mit 316 Farbfotos von Bethge/Hecker (10); Blickwinkel/Delpho (1); Blickwinkel/Hicken (1); Blickwinkel/Hoefer (1); Blickwinkel/Huetter (1); Blickwinkel/Janssen (1); Blickwinkel/Linke (1); Blickwinkel/McPhoto (3); Blickwinkel/Skrypzak (1); Blickwinkel/Woike (5); Buchhorn/Hecker (14); Diedrich (1); Forsman/Limbrunner (1); Hecker (201); Höfer (1); Hortig/Limbrunner (4); Hüttenmooser/Limbrunner (1); Limbrunner (28); Marquez/Silvestris (1); Mestel/Hecker (28); Sauer/Hecker (7); Schmidt/Limbrunner (1); Zeininger (2); Ziesler (1)

Das Bild auf S. 2/3 zeigt einen Weißstorch.

12 Flugbilder von Wolfgang Lang und 6 Silhouetten von Wolfgang Lang (1) und Steffen Walentowitz (5)

Umschlaggestaltung von eStudio Calamar von Bildern von Frank Hecker. Das Bild auf der Vorderseite zeigt eine Blaumeise, die Bilder auf der Rückseite von links nach rechts Eisvogel, Goldammer und Rotschenkel.

Unser gesamtes lieferbares Programm und viele weitere Informationen zu unseren Büchern, Spielen, Experimentierkästen, DVDs, Autoren und Aktivitäten finden Sie unter **www.kosmos.de**

Gedruckt auf chlorfrei gebleichtem Papier

© 2008 Franckh-Kosmos Verlags-GmbH & Co. KG, Stuttgart
Alle Rechte vorbehalten
ISBN 978-3-440-11130-0
Projektleitung: Stefanie Tommes, Alke Rockmann
Lektorat: Rainer Gerstle
Layout: eStudio Calamar
Produktion: Markus Schärtlein
Printed in Italy/Imprimé en Italie

FUJINON
FUJIFILM

kremer kommunikation

**Beste Aussichten für Ihre Vogelbeobachtungen:
Die Dachkantgläser von Fujinon.**

LF-Serie   MF-Serie   HB-Serie

www.fujinon.de   Medical   TV   CCTV   Machine Vision   **Binoculars**

Ob im Wald, im Garten oder am See – wo auch immer Sie Vögel beobachten möchten, mit den Dachkantfernglärsern von Fujinon entgeht Ihnen kein Detail. Die kompakten LF-Gläser mit einem Nahfokus von 1,5 m. Die MF-Serie als handliches Universalglas mit mehrschichtvergüteter Optik. Und für noch mehr Auflösung und Lichtstärke die HB-Ferngläser mit 60 mm Öffnung und 15-facher Vergrößerung. Fujinon. Mehr sehen. Mehr wissen.

FUJINON (EUROPE) GMBH, HALSKESTRASSE 4, 47877 WILLICH, GERMANY
TEL.: +49 (0) 21 54 9 24-0, FAX: +49 (0) 21 54 9 24-290, www.fujinon.de
FUJINON CORPORATION, 1-324 UETAKE, KITAKU, SAITAMA CITY, 331-9624 SAITAMA, JAPAN
TEL.: +81 (0) 48 668 21 52, FAX: +81 (0) 48 651 85 17, www.fujinon.co.jp